青 少 年
气象科普
知识漫谈

Qingshaonian Qixiang Kepu Zhishi Mantan

《气象知识》编辑部 编

会变魔术的大气

Hui Bian Moshu de Daqi

U0251019

气象出版社
China Meteorological Press

图书在版编目（CIP）数据

会变魔术的大气/《气象知识》编辑部编. —北京：
气象出版社，2012.12（2017.1重印）
（青少年气象科普知识漫谈）
ISBN 978-7-5029-5589-2

Ⅰ. ①会… Ⅱ. ①气… Ⅲ. ①大气 – 青年读物
②大气 – 少年读物 Ⅳ. ①P42-49

中国版本图书馆 CIP 数据核字（2012）第 237139 号

出版发行：气象出版社
地　　址：北京市海淀区中关村南大街 46 号
邮政编码：100081
网　　址：http://www. qxcbs. com
E-mail：qxcbs@ cma. gov. cn
电　　话：总编室：010-68407112；发行部：010-68408042
责任编辑：殷　淼　胡育峰
终　　审：章澄昌
封面设计：符　赋
责任技编：吴庭芳
印 刷 者：北京京科印刷有限公司
开　　本：710 mm × 1000 mm　1/16
印　　张：10
字　　数：121 千字
版　　次：2013 年 1 月第 1 版
印　　次：2017 年 1 月第 3 次印刷
定　　价：18.00 元

C O N T E N T S

目　录

认识大气

大气的力量

大气的魔术

教学中的气象知识

诗文中的气象知识

认识大气

人类离不开大气

◎ 王奉安

人类作为生物圈的特殊组成部分，生活在大气圈的最底层，与大气的对流层关系最为密切。随着人类文明的不断发展，大气的任何部分都直接或间接地对人类的生产和生活产生影响。可以说，人类离不开大气；大气也正经受着人类越来越大的影响。

大气与人类息息相关

过去人们认为，地球大气的成分是很简单的，直到 19 世纪末才知道地球大气是由多种气体组成的混合体，并含有水汽和部分杂质。其中对人类活动有影响的大气成分主要是氧气、氮气、二氧化碳和臭氧。

氧气占地球大气质量的 23%，它是动植物生存、繁殖的必要条件。人类的呼吸离不开氧气，氧气是人类生命的第一要素。氧的主要来源是植物的光合作用。

氮气占大气质量的 76%，它的性质很稳定，只有极少量的氮能被微生物固定在土壤和海洋里变成有机化合物。氮是"生命的基础"，它不仅是庄稼制造叶绿素的原料，而且是其制造蛋白质的原料。闪电能把大气中的氮氧化变成二氧化氮，被雨水吸收落入土壤，成为植物所需的肥料。氮气有广泛的用途。利用它"性格孤僻"的特点，将它充灌在电灯泡里，可防止钨丝的氧化和减慢钨丝的挥发，延长灯泡的寿命。还可用它来代替惰性气体作焊接金属时的保护气。应用氮气来保存粮食，叫做"真空充氮贮粮"，亦可用来保存水果等农副产品。利用液氮给手术刀降温，就成为"冷刀"；用"冷刀"做手术，可以减少出血或不出血。氮气还是一种重要的化工原料，可用来制取多种化肥、炸药等。

大气中的微量成分和痕量气体，如二氧化碳和臭氧的浓度变化是全球最引人注目的变化。它们在大气中尽管含量甚微，但它们在地球系统中的作用却是举足轻重的。有机物的呼吸和腐烂，矿物燃料的燃烧需要消耗氧而放出二氧化碳。二氧化碳含量随地点、时间而异。在人类的呼吸过程中，当二氧化碳浓度超过 5% 时，即可刺激呼吸中枢并会使呼吸量增加 2 倍，而当人类呼吸中枢发生抑制时，又可用二氧化碳和氧的混合气体作为兴奋剂吸入。臭氧是分子氧吸收短于 0.24 微米的紫外线辐射后重新结合的产物。臭氧的产生必须有足够的气体分子密度，同时有紫外辐射，因此，臭氧密度在地面以上 22 ~ 25 千米处为最大。臭氧是极强的氧化剂，在人类的生产生活中应用很广，它能大量吸收太阳的紫外辐射，大气中臭氧层的存在，有效地保护了地球上的人类及其他生物免受过多紫外线的伤害。而穿透大气到达地表的少量紫外线恰恰能杀死细菌，对人体健康和其他生物的生长大有好处。因此，臭氧层被誉为"地球生命的保护伞"。大气中某些微量和痕量气体，对太阳短波辐射几乎是透明的，但对于地面的长波辐射却能强烈吸收并转化为热能，再通过大气逆辐射将热量还给地面，在一定程度上补偿了地面因长波辐射

而降低的温度，对地面起到保温作用，这就是大气的"温室效应"。"温室效应"使地球表面温度及近地面大气温度维持在一定的范围内，以适合地球生物和人类的生存。这些气体被称为"温室气体"。据推算，如果没有二氧化碳等温室气体的存在，全球地表平均温度将会比现在的地表实际温度低33℃。

假如地球上没有大气

假如地球上没有大气，那实在是一件十分可怕的事情：离开大气圈，人首先会全身崩裂而死；离开大气中的氧气，人会窒息而死；离开大气层的温室效应，地球昼夜温差将变得非常悬殊，人无法适应；离开大气层的屏障，人会被宇宙射线和紫外线杀死……

假如地球上没有大气，那么地球就与其他七大行星以及月球有很多相似的地方，人类和其他生物也就不复存在。以地球的近邻水星、金星、火星和月球为例，看看它们某些致命的"特征"：水星上既无空气又无水，昼夜温差非常悬殊，最热时达到427℃，最冷时只有 −173℃。由于没有大气遮挡，水星上的阳光比地球赤道的阳光强6倍，不要说人，就是一些熔点较低的金属也会熔化。金星表面的温度最高达447℃，这是金星上的温室效应极强的结果。金星的大气密度是地球大气的100倍，而且它的大气97%以上是"保温气体"——二氧化碳；同时，金星大气中还有一层厚达20～30千米的由浓硫酸组成的浓云。二氧化碳和浓云只许太阳光通过，却不让热量透过云层散发到宇宙空间。被封闭起来的太阳辐射使金星表面变得越来越热。温室效应使金星表面温度非常高，且基本上没有地区、季节、昼夜的差别。它还造成金星上的高气压，约为地球气压的 90 倍，生物根本无法生存。火星上的大气稀薄而干燥，所以它的昼夜温差，远远大于地球。火星表面温度低、气压小，使其大气中的二氧化碳和水大致呈饱和状态，只要气温稍一降低，二氧化碳和水蒸气就会凝结。火星大气中的水分极少，与我们地球表面波涛汹涌的海洋相比，水量显得微不足道。最后再看看月球，由于月球上没有大气，再加上月面物质的热容和导热率又很低，因而月球表面昼夜的温差很大。白天，在阳光垂直照射的地方温度高达 127℃；夜晚，温度可降低到 –183℃。因此，传说中的嫦娥、吴刚、玉兔以及桂花树等生物是不可能存在的。总之，假如地球上没有大气，也就没有了我们人类。

保护地球"外衣"刻不容缓

人类生活在大气中，时刻受地球的"外衣"——大气的作用和影响。同时，人类本身也在不断地影响和改变着大气。人类对大气的影响主要表现在对大气成分的改变上。当人类活动使某些有害物质进入大气，并且危害人们的健康、生命、财产以及生态系统时，大气污染就产生了。

燃煤是造成大气污染的元凶，燃煤产生污染主要由于燃烧效率太低，同时又没有相应的防治污染设施。燃煤产生的主要污染物有烟尘、二氧化硫、氮氧化物、二氧化碳。同时，二氧化硫、氮氧化物与大气作用可以使降水酸度增大形成酸雨。自工业革命以来，由于人类活动的冲击，大气中二氧化碳等微量气体的浓度一直在增加，世界每年有 50 多亿吨二氧化碳、近 2 亿吨二氧化硫被无情地向

大气中排放，氧化氮、氯碳氟、甲烷等有害气体也在大气中快速积累，使全球气候趋向恶劣。我国每年因大气污染造成经济损失近200亿元。二氧化碳等温室气体的增加将会导致大气热量平衡的破坏，引起地面温度升高、冰的融化、海平面上升、降水与蒸发不同地区间差别增大等一系列环境问题。

工业制冷用的氟利昂分子会穿过对流层到达平流层，在太阳紫外辐射作用下释放出氯，与臭氧反应，变为普通的氧分子，从而使臭氧的浓度降低。大气臭氧的减少将会使到达地面的宇宙射线及太阳紫外线辐射增加，危及人类的生命健康。

机动车数量大幅度增长，汽车尾气已成为城市大气污染的一个重要来源，特别是大型城市，大气中氮氧化物的浓度严重超标，已成为大气污染元凶之一。

那么，怎样保护大气呢？一是节能减排。"三废"治理刻不容缓，应当发展循环经济，变废为宝，对于不具备"三废"处理能力的工程或企业，应尽快下马或停产。二是发展林业。中国是贫林大国，又是土地沙漠化危害最严重的国家之一，北方的沙漠面积为149万平方千米，占国土面积的15.5%。森林可降低气温、增加湿度，形成有利于降水的气候条件，可减轻干旱和洪涝灾害，防止水土流失与沙漠化扩展。每公顷森林每天排放出700千克氧气、吸收1吨二氧化碳，对大气保护起到了重要作用。三是净化海洋。大气和海洋互相作用、交换能量。海洋每年向大气提供1.6万亿吨氧气、吸收10万吨二氧化碳。但是，海洋同样遭到了塑料、石油、有毒化学物、放射性核废料等的严重污染，每年大约有200万只海鸟和10万头海洋哺乳动物死于海洋污染。许多国家和地区已禁止向江河湖海倾倒垃圾，特别是塑料废物，这已成为当务之急。四是使用稀土燃烧催化剂。我国有丰富的稀土资源，将稀土燃烧催化剂安放在厂矿或汽车的废气排放口，能提高燃烧率而不冒黑烟，从而减少或消除有害气体。

　　大气保护了人类。人类不仅要认识大气、利用大气，更要学会珍惜大气、保护地球的"外衣"。

（原载《气象知识》2009 年第 2 期）

真的不知天高吗

◎马　钰

　　人们常常用"不知天高地厚"来斥责有些人的无知与狂妄。"地厚"倒还不难回答，唯独这"天高"颇费神思。因为迄今为止，确实还没有一个人指出过天有多高。因此，假如真的有那么个"不知天高地厚"的人认起真来："请你说说天有多高?"恐怕多数人会无言以答，甚至脸红的。

　　把地球之外的所有空间世界统统称作"天"的习惯，是与古人"九重天"的宇宙结构说分不开的。后来，人们经过长期观察后发现，原有天的概念远不能包含日、月、星辰，于是提出了"天外有天"的设想。"九重天"之说是以地球为中心，根据太阳、月亮、五星（水、金、火、木、土星）在群星中运动快慢的不同而推知其居于不同高度而提出来的。本来，人们是把地球到日、月、五星直至恒星（看做一层）分为八层，过去迷信认为：十方万灵的真宰应当住在更高的天层，硬在八层之上加了一层天帝老儿的安身处，天便成了"九重"。

　　现在我们知道，天气变化主要发生在对流层内。它是地球大气的最低层。真正"成云致雨"的，是离地面 1.5～6 千米的空间。古代神话中所描绘的"天宫"以及诗人笔下"高处不胜寒"的"琼楼玉宇"所在的高度，据理推测，不出对流层的范围，因为再往上温度将随高度的增加而增高。虽然 80～90 千米的高空还有"不胜寒"的低温，但那里空气已很稀薄，水汽又极少，天气现象也少见，实在不配做神仙的住

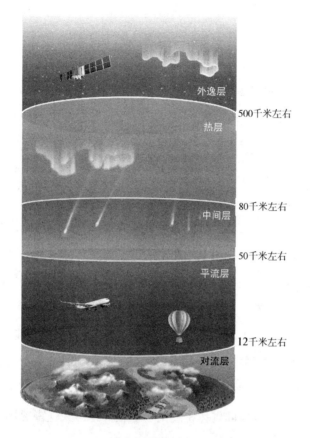

大气层结构图

所。而对流层厚度虽小，却集中了 75% 的大气质量和 90% 以上的水汽质量，是云、雾、降水等主要天气现象活动的舞台。天上的神仙要腾云驾雾，甚或呼风唤雨、电闪雷鸣地要耍威风，离开了对流层，再也找不到更合适的场所了。

需指出，对流层顶的高度并非普天下都一样，它是随纬度与季节的不同而不同的（因地心引力与地表冷热不同而异）。低纬地区约为 17～18 千米，中纬度地区约 10～12 千米，高纬度只有 8～9 千米。一般来讲，夏季的对流层上界高度大于冬季。

对流层以上离地面 35 千米内的平流层虽然水汽已很少，天气现象

也少见，但毕竟还有部分天气现象发生在这里。随着对大气探测手段的提高（比如气象火箭和卫星的发射），人们发现，这一层气象要素的变化与对流层中的天气变化有着密切的联系，并且，在此高度以下，集中了全部大气重量的99%。因此，天气变化的舞台还应该包括平流层在内。

明代科学家宋应星把天作为地球大气的上界，他说，"盈天地皆气也"，充塞于天地间的是物质的气。那么，何处是大气的上界（天）呢？

从理论上讲，地球大气层的上界应该是大气质点可以挣脱地球引力的束缚而逸散到宇宙空间去的那个高度。假定地球大气的温度是不随高度改变的，则每上升18千米，大气压强减小为原来的1/10，按此减小下去，到170千米时气压仅仅为0.000000075毫米水银柱。即便如此，整个地球上空170千米以外的全部空气重量还有600万吨！由此可知，在无限远的空间，气压逐渐趋于零而绝对不等于零。据人造卫星测得，1600千米高处的空气密度只有海平面密度的千万亿分之一（10^{-15}），但它还相当于星际空间气体密度的十亿倍。地球大气密度接近星际气体密度的高度在2000～3000千米。

科学工作者一般是以"极光"出现的最大高度来确定大气层上界的。正常的最高边界为300千米左右，在极端的情况下可达1200千米以上。因此，大气物理上界至少应在1200千米左右。

（原载《气象知识》1982年第3期）

为什么能分而治之"称"空气

◎ 王奉安

在我国，曹冲称象的故事可以说是家喻户晓、妇孺皆知。故事是说一千七百多年以前，吴国的孙权为了讨好魏王曹操，派人送来一头大象。曹操很高兴，带着7岁的儿子曹冲和文武官员去看大象。曹操问身旁的文武官员："这头大象有多重？谁有办法把它称一称？"大家面面相觑，谁也想不出一个称大象的好办法。这时，小曹冲从人群中跑出来说："我有办法。"曹操忙问："什么办法？"曹冲说："先把大象赶到一条大船上，看水升到船的什么地方，做一个记号；然后把象牵走，再在船里装上石头，等船沉到做记号的地方为止；最后，把这些石头搬下船来，称一称每块石头有多重，再把这些石头的重量加在一起，就是大象的重量了。"曹操听后，喜出望外，立刻命令人照曹冲的办法做，果然称出了大象的重量。

空气是有质量的，可是空气的总质量是多少呢？曹冲称象这个故事使我们受到了启示，对空气也可以分割求质量，然后再求出总和，不就是空气的总质量了吗！我们假设大气是静止不动的，这样就可以把大气分割成许许多多个垂直于地面的空气柱，让每个空气柱的底面积为1平方厘米。这样的气柱又细又长，一直伸到大气层的上界，它看上去很像孙悟空大闹龙宫中的镇海神针。我们只要在这根"神针"即大气柱的底部安放一个特殊的秤就能测出整个空气柱的质量了。这个秤是什么样

的呢？原来，这个秤就是气压表。气压表上所得到的气压数值正好等于1平方厘米面积上所承受的大气柱的质量。在海平面高度上，这个质量约为1.033千克。地球表面积为5.1亿平方千米，那么我们只要把这两个数相乘，就能得出整个大气层的质量——5250万亿吨！这个数字够惊人的了吧！看，这个无边、无棱、看不见、摸不着的庞然大物——大气层的质量，就这样用分而治之的办法巧妙地称出来了。如果要用同样质量的铁来代替大气，那么，地球表面就要披上一层1.3米厚的铁甲了，真是不可思议！

根据计算出的结果可知，地面上每平方米面积上大约要承受10吨的大气压力。我们人类生活在大气的最底层，一个中等身材的人，其表面积约为1.5平方米，他要承受15吨的大气压力！这个数字会吓你一跳吧？既然一个人受到15吨的大气压力，我们为啥感觉不到呢？其实道理很简单，因为人体内也有空气，也受到同样的大气压，并且这个压力和外面的大气压一样大。进入肺、肠、胃、中耳、鼻腔等处的大气压和外部的大气压保持平衡了。所以，人体能适应这样大的大气压。

为了说明这个问题，我们不妨做个小实验：你用一个手指头戳一张普通的纸，结果不用吹灰之力就能把纸戳个洞；然后你用左手和右手的两个手指头，从纸的两边对着戳纸，就是用尽了吃奶的力气也不能把纸戳出洞来。这个小实验可以帮助说明人体内外大气压相平衡的道理。一切陆地上的动物，都有用来平衡大气压的内压，正因为这样才得以生存。人的呼吸也与大气压有关、人们常说，把空气"吸"到肺里，这种说法并不十分准确。肺是悬在胸腔中的大薄膜囊，肺的下面有块横隔膜，横隔膜往下压，肋骨抬起来，胸腔的容积增大，使肺外的大气压比肺内的大，所以，空气就从体外压入肺内，这就是吸气。横隔膜向上运动，胸腔缩小，就把空气压出了肺部，这就是呼气。这正是：

巧引曹冲称象例，

分而治之"求"大气，

两指对戳纸不破，

内外平衡人适宜。

（原载《气象知识》2002 年第 1 期）

空间天气

◎ 国家空间天气预警中心

空间天气

空间天气是指瞬时或短时间内太阳表面太阳风、磁层、电离层和热层的状态。它们的状态可影响空间和地面技术系统的性能和可靠性，危及人类的生命和健康。恶劣的空间天气可引起卫星运行、通信、导航以及电站输送网络的损坏，造成各方面的社会经济损失。

空间天气学

空间天气学是研究各种空间天气发生、发展和变化规律，以及如何运用这些规律来进行空间天气预报的一门学科。同时，空间天气学还研究各种空间天气效应，以及避免或减轻空间天气灾害的方法和途径。

我们的家园——太阳系

众所周知，太阳对地球上的生命是异乎寻常的重要，然而，我们似乎无人对它做出一个令人满意的描述。许多科学家用尽一生精力，提出种种设想，终因探测手段的局限性，难以完全揭示、证实太阳系的内在规律及特殊现象。随着科学技术的发展，观测手段的逐步改进，人们对太阳系的认识也逐渐清晰起来。

太阳是宇宙中的一颗中等恒星。但是，太阳是太阳系中头号的庞然大物，它的直径是地球的 109 倍，体积是地球的 130 万倍，质量是地球的 33 万倍、太阳的质量占整个太阳系所有成员（水星、金星、地球、火星、木星、土星、天王星、海王星、冥王星）[①] 总质量的 99.8%，正因为如此，太阳的引力就像一双无形的手，牢牢地牵住太阳系的所有的成员，使其都绕太阳运行。

太阳是一个高温炽热的气体球。在它的核心处，温度高达 500 万摄氏度，压力为地球大气压的 4000 亿倍。在这种高温高压的特殊条件下，核聚变反应自然形成，放射出巨大的光和热。人们常说，它是一个每秒能产生约 4×10^{16} 亿千瓦能量的惊人热机，换句话说，如果将每秒钟总的太阳输出能量聚集起来，相当于目前世界上能源充足且使用率较高的美国 900 万年的能源使用量。

太阳活动区

太阳亮度均匀但并非绝对地均匀，并且也不宁静。光球上有各种异常现象在生成或消灭，这种现象的代表就是黑子，与谱斑和日珥有联系，并且把太阳黑子爆发和耀斑等包括在内，总称为太阳活动区，它按照约 11 年呈周期变化，使地球外层大气受到很大影响。

---

①2006 年 8 月 24 日召开的国际天文学联合会第26届大会将冥王星排除在太阳系的大行星之外，现在太阳系只剩八大行星。

太阳黑子活动区爆发

太阳黑子

太阳表面黑色的暗区，包括瞬变、集聚的磁场，也是太阳表面最显著的可见特征。中等尺度的黑子与地球一样大（约10832亿立方千米），当强磁场通过太阳表面时从6000℃下降到4200℃，暗点便出现。黑子中心最暗区域称为本影。特别是具有复杂的磁场能量配置的黑子群，通常是耀斑所在地。

日冕

聚集在黑子周围的明亮部分，温度比周围层次高1000℃左右的延伸区称为谱斑。在谱斑上部形成电子密度大、温度异常高的日冕凝聚区。这种高温区也是太阳微波辐射和X射线辐射等异常强大的辐射源。日珥是通常由磁场支配的太阳物质形成的静态云，大部分日珥在其生存中的一些点喷发，释放大量太阳物质到宇宙间，速度为10千米/秒。

耀斑

太阳大气巨大的爆发性活动，包括突然的粒子加速，等离子体加热和所有波段的强电磁辐射，可能是存储在太阳活动区磁场中的能量突然释放的结果。一次爆发释放的能量相当于集中投放 400 亿个日本广岛的原子弹，这个能量比火山爆发所释放的能量大 1000 万倍，但小于太阳每秒所发射总能量的 1/10。

日冕质量抛射（CME）

外层的太阳大气、日冕是由强磁场构成的。这些密集在黑子群上。受约束的太阳大气能突然地和猛烈地释放称为日冕质量抛射（CME）的磁流体或气舌，一个大的 CME 能包含 1 亿吨物质，在惊人的爆炸中能加速到每小时几百万千米。太阳物质通过行星际间介质疾驰，能冲击在其路径中的任何行星和卫星。CME 有时与耀斑相伴，但通常是独立出现的。

太阳与地球之间活动

太阳与行星间的区域称为行星际介质，虽然人们考虑它为极好的真空，实际上是受 250 ~ 1000 千米/秒流速的太阳风所控制的振荡区域。太阳风的其他特性（包括密度、成分、磁场强度）随太阳变化条件而变化。

地球磁场类似于当铁粉排列在磁棒周围的图形。在太阳风的影响下，这些磁场线被压迫在朝向太阳的方向，在其下风方展开，这就形成了环绕地球的磁层，好像一个复杂的、泪珠状的空腔。

太阳活动影响地球空间的时间尺度

紫外线、远紫外线、X 射线：以光速传播，到达地球需 8 分钟。

CME 和太阳风：速度 400～2000 千米/秒，到达地球需 2～3 天。

太阳能量粒子和相对论电子：速度为几分之一光速，需几十分钟到几小时到达地球。

太阳活动在地球上的体现

太阳变化的主要地球效果包括极光、质子事件和地磁暴。

极光

极光是太阳引起地磁暴动态的和可视的感应现象。太阳风激励磁层的电子、离子，这些粒子通常进入极区附近的地球高层大气。当粒子撞击薄的高层大气分子和原子时，它们有些便发出不同色彩的辉光。极光一般发生在高纬度地区，但风暴增强可使极光伸展至赤道。1908 年一次非同寻常的大磁暴期间，在位于地球磁赤道的新加坡，人们见到了这次极光。这次极光形成了绚丽多彩的景象，同时它也是大气变化的可见征兆。

太阳质子事件

是指能量质子在主耀斑峰值 30 分钟内到达地球。在一次事件中，地球上能看到从耀斑处释放的能量——太阳粒子（主要为质子）。这些粒子一部分呈螺旋形降于地球磁层线，穿透我们的大气层。

地磁暴

耀斑或喷发日珥出现后的 1～4 天，太阳物质和磁场的微动云到达地球，振动磁层并引起地磁暴。这些磁暴引起地面磁场非寻常变化。在地磁暴期间，部分太阳风能量传输到磁层，引起磁场在方向、强度上的迅速变化。

太阳活动对我们地球的影响

通信

许多通信系统利用电离层反射远距离的无线电信号。电离层风暴能影响所有纬度的无线电通信，吸收某些无线电频率而发射另一些频率导致信号的迅速振荡和无法预料的传播路径。太阳活动对 TV 和商业无线影响极微，而地—空、船—岸信号则经常受到干扰。

有些军事预警系统也受太阳活动影响。为了监视远距离飞机、舰船和导弹发射等，超地平雷达反射掉电离层信号，在地磁暴期间，这个系统受无线回波的严重干扰。有些潜水艇侦察系统采用其地磁（特征）作为它们定位方案的输入项目，而地磁暴可屏蔽和误释这些信号。美国联邦航空局日常接收太阳射电突发警报，结果他们能识别通信问题和放弃不需要的维护。当飞机和地面站与太阳成一直线时，航空控制台可能出现频率干扰，当地球站、卫星和太阳在一条直线时，也可能发生类似现象。

导航系统

当太阳活动干扰通信的信号传播时，诸如 LORAN 和 OMEGA 系统必然会受影响。OMEGA 系统由位于全世界的八个发射机组成。飞机和船舶从这些发射机的甚低频（VLF）测定它们的位置。在太阳事件和地磁暴期间，系统提供导航者的信息误差可能达几英里。如果在质子事件

或地磁暴期间，发警告给导航员，他们可能开通备份系统。当太阳活动引起电离层密度突然变化时，GPS（全球定位系统）信号也会受影响。

卫星

地磁风暴与增加的太阳紫外辐射加热引起地球的高层大气延伸。加热空气上升，卫星轨道约1000千米处的密度将较大地增加，这就引起在空间的卫星阻力增加，卫星便缓慢、轻微地改变轨道，除非将低地球轨道卫星抬升到较高轨道，否则它们会慢慢下落，甚至在地球大气层中烧毁。

天空实验室（SKYLAB）就是卫星过早因超越预期的太阳活动而返回大气层的例子。在1989年3月的大地磁暴期间，4颗海洋导航卫星不得不中断业务长达1个星期。

由于技术上的考虑，现代的卫星部件变得越来越小，这些微型化电子系统对高能太阳粒子非常敏感，即粒子会引起对微芯片的物理损害和改变星载计算机的软件指令。

局部电荷积累

对于卫星控制操作员的另一个问题是局部"充电"（电荷积累）。在地磁暴期间，电子、离子数量和能量增加。当卫星穿越这种激励环境时，带电粒子撞击卫星引起卫星不同部分不同程度地充电，电子放电能击穿卫星部件，使其损坏甚至可能报废。

整体电荷积累

当能量粒子，主要是电子贯穿卫星外层并将其电荷叠集在其内部时，整体"充电"也称深度充电（电荷积累）发生。如果在任何一个部件内有足够多的电荷积聚，则该部件力图通过放电与其他部件相平衡。这种放电现象实际上对卫星电子系统有损坏作用。

辐射对人类的伤害

强的太阳耀斑放射类似核爆炸的低能辐射形成对人体有伤害的高能

粒子。虽然地球大气和磁层充分满足对在地面人们的保护，但处于空间的宇航员，易遭受潜在的致命辐射剂量。

量测辐射剂量的高能粒子贯穿到生命细胞中，会引起染色体伤害，实际上就是人们所说的癌症，大剂量甚至能使人立即死亡。具有大于30兆电子伏特（30Mev）能量的太阳质子，是特别危险的。

太阳质子事件也能引起在高度很高处飞行的飞机受到高辐射，虽然这种风险是很小的，而且可通过卫星仪器监测太阳质子事件对偶然性辐照加以监测和评估。

地质勘测

地质学家采用地球磁场测定地下岩石结构。通常，只有当地磁场是静态时，地质勘探者才能完成勘探石油、天然气或矿藏的工作，以便能探测真实磁场的特征。另外，勘探者乐于在地磁暴期间工作，当地球通常的地下电流变动时，有利于他们发现地下石油或矿藏的结构，因此，许多勘探者利用地磁警报和预报来安排他们的测绘活动。

电力

当磁场在诸如电线的导体附近移动时，感应电流进入导体。在地磁暴时，这种现象便在大范围内发生。电力公司是通过长距离传输电路将交流电发送到他们的用户的。地磁暴在这些电路中的直接感应电流便会对电传输设备形成伤害。1989年3月13日一个大的地磁暴导致加拿大魁北克省的蒙特利尔停电长达9小时，600万人的生活受到影响，在美国东北部和瑞典的一些地区也出现供电中断。

电力公司通过接收地磁暴警报和告警，能使损失和供电中断减少到最小。

管道

迅速振荡的地磁场感应电流可进入管道。在这个时期，可能造

成一些问题：管道中的流量仪可能传输错误的流量信息，并且其锈蚀率会显著增加。如果工程师在地磁暴期间无意地操作，可导致锈蚀率增加。管道管理员可以通过日常接收警报和告警信息来减少这方面的麻烦。

气候

太阳是驱动大气循环的热机。

虽然我们长期假定太阳是常定能源。最近的太阳观测表明，太阳的基本输出随 11 年太阳周期有多达 22% 的变化幅度。大气科学家认为这种变化是巨大的，而且能对地球气候产生巨大的影响。树木年轮记录证实太阳存在 11 年以上黑子周期和 22 年磁场周期的变化。

在过去的 300 年间，太阳周期近于规律性。在 17 世纪和 18 世纪有一个 70 年周期，当时几乎看不见太阳黑子（当时已广泛应用望远镜观测）。这种黑子数下降与欧洲小冰期（冰期时代）相关，是太阳活动直接影响地球气候的证据。最近，科学家一直关注气候与太阳变异性间更直接的耦合。赤道附近平流层不同的风向取决于太阳活动周期的长短。研究工作正在探索这些对全球大气环流形势和天气的影响。

在质子事件期间，许多高能粒子到达地球的中层大气。在那里，它们引起空气分子电离，生成毁坏地球大气臭氧的化合物，使地面太阳紫外辐射大量增加。

生物学

最新的关于太阳活动对生物影响变化的研究表明，鸽子的导航能力在地磁暴期间有所降低。鸽子和其他迁徙动物如海豚、鲸等，在神经细胞束中有由磁铁物质盘绕组成的内在生物指南针，在磁暴期间，这种地磁导航能力会受到影响。

结论

太阳耀斑、CME 和磁暴影响人们及其活动，是在近几十年才被认识和研究的。太阳与地球之间，太阳粒子与精密仪表间微妙的作用已成为影响我们生存的因素。因此，需继续和加强关于健康、安全及商业需求的空间环境方面的服务。

（原载《气象知识》2003 年第 2 期）

声音与天气预报

◎ 李任承

    大气中有许多声音起源于天气现象；在一定的气象条件下，声音的传播也有一定的规律。因此，我们可以根据声音的有关信息，推测大气的基本状况，分析天气变化的趋势，从而作出天气预报。

    人民群众中流传着许多有关声音的天气谚语，近代声学尤其是大气声学为我们提供了利用声音进行天气预报的理论根据。

    下面我们介绍一些利用声音进行天气预报的有关情况。

火车汽笛声引起的思考

    报载：1980 年 6 月，一个浓雾迷漫的早晨，杭州市某中学的一位学生在上学的路上突然听见了火车叫声。这引起了她的思考，她想：平常这里是听不到火车叫声的，这一定是大气的一种反常现象。于是她预测下午有雨。果然，当天下午下了一场大雷雨。

    这是偶然的吗？不是。这种声音异常现象正是雷雨前声音的一种反常传播。

    根据声音在大气中传播的规律，我们可以知道，有利于声音传播得较远的气象条件是：（1）随高度增高而增强的顺风（风从声源吹向收听者）；（2）随高度增高而减弱的逆风（风从收听者吹向声源）；（3）在大气下层有逆温，而且逆温层越厚、逆温越强，越有利于远处听见声音；
（4）大气处于稳定状态，乱流微弱。比如有雾、毛毛雨或阴天时，有利于远处听得见声音；冬季和夜里比夏季和白天有利于远处听见声音。

与上述相反的气象条件，则不利于声音向远处传播。

雷声与降雨

积云中出现闪电和雷声，便是积雨云成熟阶段的表现。这预示着降水即将开始了！

闪电和雷声几乎是同时发生的。闪电发生前，积雨云中或云地之间形成了极强的电场，可达几万伏每厘米，足以把大气击穿，继而产生强烈放电现象——闪电。在闪电发生的一瞬间，在极窄的闪电通道中，产生了极强的电流，使空气突然剧烈加热，温度可骤增至20000℃以上！空气由于受热而发生猛烈膨胀，气压可突然增到上百个大气压，产生有着巨大破坏力的冲击波，以每秒5千米的速度向四面八方传播。冲击波在传播过程中，波长逐渐增大，大约经过0.1~0.3秒，就完全变成声波了。

测量表明：雷声频率大部分不超过100赫，能量最大的频率为0.2~2赫。可见雷声的能量主要集中在人耳听不见的次声波中。

雷声是自然界中一种巨大的声响。但是雷声传播得并不很远，一般只有二三十千米。这一方面是因为雷声在云雨中传播时衰减很快；另一方面是因为大气层结极不稳定，空气温度随高度的增加降低得很快，使音线向上弯曲，处于不利于声音向远处传播的气象条件下。夏天夜晚我们常常能看到远处的闪电，但是听不到雷声，就是这个道理。

观测员可以通过闪电与雷声之间的时间间隔大致估计出积雨云的距离。

积雨云降雨属于阵性降水。我们常有这样的体验：在下雷雨时，往往听到雷声轰响过后降雨随之加强。这说明闪电冲击波对降水有促进作用。所以常言道："闪电催雷，雷催雨。"

利用雷声预报降水要看雷声出现在天空的部位和方向。谚语说："雷轰头顶，有雨不猛；雷轰西南，大雨连绵。"因为如果雷声轰响在天顶，积雨云往往为本地区热对流生成，范围不大，转瞬即过；在华北等地，如果雷声从西南方向传来，往往有高空槽或切变线等降水天气系统移来，因此，降水持续时间较长。另有"东闪日头西闪雨""南闪天门开，北闪有雨来"等谚语，多指冷锋积雨云降水的情况，因为我国冷锋积雨云多来自偏西、西北或偏北方向。

此外，还有"响雷雨短，闷雷雨长"、"一日春雷十日雨"、"早起雷，当日晴；午起雷，落一阵；晚起雷，不到明"等许多关于利用雷声预报降雨的天气谚语，都是有一定科学道理的。

来自其他天气现象的声音

舟山群岛的渔民，每当听到岛上一个山洞里发出啸叫，就知道台风即将到来。渔民称之为"东海龙王叫"。这是因为海浪的传播要比台风运动快得多，所以先闻海啸，后到台风。

在积雨云中，如果发出一种沉闷的嗡嗡声（俗称"拉磨雷"），便是降雹的征兆。正如谚语所说："蜂子朝王声，冰雹定降成。"这是对流特别强盛、雷电特别频繁而产生的声音。

一切强烈的天气过程，例如台风、龙卷、风暴、寒潮、雷雨等，都伴有强烈的风雨声。

传播得最远的声音

次声波是传播得最远的声波，由于它具有频率低、在大气中衰减慢、传播远的可贵特性，所以近年来成了大气探测和天气预报的"宠儿"。例如晴空湍流是影响飞机安全航行的严重障碍。近几年国外一些飞行事故，有不少是晴空湍流造成的。过去，由于晴空湍流看不见，无法探测和预报，因而使飞行人员感到心神不宁。现在发现晴空湍流能够辐射一种频率为零点几到几赫的次声波，才算找到了探测和预报的途径。

大气中还有许多天气现象都产生次声波，特别是一些灾害性天气，例如台风、雷暴、风暴、龙卷和冰雹等。我们可以研究这些天气现象产生的次声波，从而作出灾害性天气预报。我国沿海一带的渔民，为了觉察台风产生的次声波，常常把充满气的球（直径约 50 厘米）搁在耳边听，当产生压痛感时，就表明有台风移近。

可以说，研究大气中的次声波已经成为气象学家的一项重要任务！

（原载《气象知识》1989 年第 4 期）

天气预报能达到100%的准确吗

◎乔 林 昭 阳

    天气预报与我们日常生活息息相关，特别是当自然灾害来临之前，气象部门更是通过科学的预测，努力作出准确的预报，为有关部门提供科学决策依据，指导社会公众有效防御和减轻自然灾害。对于预报准确率，人们寄予很高的需求与期望，这是可以理解的。然而，天气预报并不总是那么尽如人意，而不同的人对天气预报的准确性可能又有不同的感觉与认识，也是不言而喻的。

电视天气预报

现状：我国晴雨预报准确率达到70%～80%

天气预报水平在过去 30～40 年中有了较大的提高，目前我国针对未来 2～3 天的晴雨预报准确率可以达到 70%～80%。中央气象台 2005年、2006 年 24 小时晴雨预报准确率分别达到了 81%、81.1%。2006年，我国 24 小时台风路径预报误差为 125 千米，48 小时预报误差为205 千米，72 小时预报误差为 296 千米，基本达到世界先进水平。虽然如此，预报水平还不能完全满足社会和经济发展的需要，与人们的期望还存在距离。

用国际上的通用标准衡量，我国对降水、台风、暴雨的预报水平与发达国家接近，但还是有差距。其实，预报不准确定是绝对的，对世界上任一国家都不例外。如果按照严格专业标准，2005 年，我国对 24 小时暴雨预报准确率为 12.6%，美国对 24 小时暴雨预报准确率也只有22%；我国 24 小时台风路径预报误差为 120 千米，而美国 24 小时台风路径预报误差为 103 千米。

理解：社会公众对预报准确性的认识

老百姓理解的准确率同气象学严格的准确率有一定差别。例如预报北京局部地区有雨，雨下在北京南部，南部地区的人大部分会认为准确，但北京北部、东部的老百姓就会认为预报不准。这既有预报本身难度与准确性的问题，也有准确率评价标准以及对气象预报空间、时间分辨率精度的需求问题。可以说，随着生活水平的提高，人们对预报服务

的需求也在提高，对气象预报服务系统提出了更高的挑战。正因为如此，气象部门已经并将继续不断地作出努力，像北京、上海、广州等大中城市，一方面尽可能将气象观测、预报的空间密度细化、加密，如北京奥运会期间，预报将直接针对比赛场馆、主要街道等更小的空间对象。另一方面，预报要素多样化、服务针对性更强，不再是早先的有无降雨、（最高、最低）温度的预报，而是具体到什么时间、什么地点下多大雨的精细化预报以及类似紫外线强度、污染潜势、雨伞指数、出行指数、晨练指数、啤酒指数等多达上百个具体的、更有针对性、更具个性化的指数预报。

释疑：为什么难于做到绝对准确

俗话说，天有不测风云。天气预报不可能达到 100% 的准确。这是由于多方面因素造成的结果。

首先，大气系统为非线性系统，根据混沌理论，天气预报不可能 100% 准确。1960 年，美国麻省理工学院教授洛伦兹研究"长期天气预报"问题时，在计算机上用一组简化模型模拟天气的演变。他原本的意图是利用计算机的高速运算来提高天气预报的准确性。但是，事与愿违，多次计算表明，初始条件的极微小差异，均会导致计算结果的很大不同。洛伦兹用一种形象的比喻来表达他的这个发现：一只小小的蝴蝶在巴西上空扇动翅膀，可能在一个月后的美国得克萨斯州会引起一场风暴。这就是混沌学中著名的"蝴蝶效应"，也是最早发现的混沌现象之一。目前，科学家给混沌下的定义是：混沌是指发生在确定性系统中的貌似随机的不规则运动，一个确定性理论描述的系统，其行为却表现为不确定性，不可重复、不可预测，这就是混沌现象。进一步研究表明，混沌是非线性动力系统的固有特性，是非线性系统普遍存在的现象。大气系统为非线性系统，正是由于混沌现象的存在，天气预报不可能100%准确。

其次，地面气象观测台站很有限且分布不均，以致实况信息（大气的真实状况）不完备，中小尺度天气现象如雷暴、龙卷、冰雹等经常成为"漏网之鱼"，也是影响预报准确性的重要因素。虽然目前有自动气象站、卫星、雷达等多种先进观测手段和设备，但由于这些手段和设备同样都有其局限性，人类还是很难获得大气的完整信息，特别是青藏高原、广大的海洋上空、经济欠发达地区等观测信息严重不足。由于信息的不完备，使得气象学家对大气规律的认识具有相对的局限性。

再次，在于数值预报的不确定性。现代天气预报是以数值预报为基础，综合气候背景、天气图、统计学等各种方法，由预报员综合得出的结论。由于数值预报存在不确定性，制约了天气预报的准确性。数值天气预报把大气的演变规律近似表示为一组数学方程式，根据从有限观测中得到的当前大气的初始状态，在已知或设定的强迫条件（包括边界条件）下，通过求解这一组方程的解，得到对未来的天气或气候状况的预报。由于方程组的复杂性和巨大的计算量，只能借助于高性能计算机用数值方法近似求解。由于数值模式本身的不确定性、大气运动的非线性特征、复杂的物理反馈过程、各圈层相互作用的复杂性、模式初始场的不确定性等多种不确定性，使得作为天气预报基础与重要方法的数值天气预报本身就不可能绝对准确。

众所周知，影响天气的因素多种多样，如气候状况的差异，海陆分布不均，地理状况不同等都对天气变化造成影响。尤其是中国西部有青藏高原，青藏高原使得气流的运动、辐射状况等发生很大的改变，大大增加了我国天气预报的难度和复杂性。

预报时效、空间尺度不同，准确性也不同。数值预报模式对不同尺

度和不同预报时效的性能是不同的。如 72 小时以内的预报准确性明显高于 72 小时以后的预报。上千千米及其以上大尺度天气现象预报准确性大于百千米及其以下中小尺度天气预报。

另外，在全球气候变暖的大背景下，极端天气事件发生的概率和频率呈现增多的趋势。天气预报需要经验总结和积累，由于气候发生了变化，这就需要预报专家去进一步认识和了解新的天气特点和气候变化规律，不断发现、总结、补充新的预报经验。可以说全球气候变化增加了天气预报的难度。

大气千变万化，人类完全认识和掌握大气运动的规律还是一个艰巨且漫长的过程。当然，有一点是可以相信的，这就是：随着科学技术水平的不断发展和人类认识水平的不断提高，天气预报准确率是会不断提高的。

（原载《气象知识》2007 年第 3 期）

说评我国"冬冷夏热"气候

◎ 林之光

我国位于欧亚大陆的东南部，紧邻广阔的太平洋和南海，盛行大陆性季风气候。我国大陆性气候的主要特点之一就是"冬冷夏热"。

冬冷夏热、鲜明四季

我国是世界同纬度上冬季最冷的国家。各地偏冷的程度随纬度增加而增加。

例如，我国"北极村"黑龙江漠河，1月平均气温 –30℃，比世界同纬度平均偏低约22℃。大地千里冰封、万里雪飘，地下还有经夏不化的永冻土存在。而同纬度上最暖的英国利物浦1月平均4.3℃，全年青山绿水，冬季气温低于0℃的情况很少。

我国的冬冷，大体使我国的热量气候带比世界同纬度普降一个等级。例如，广州从热带降为亚热带；北京从亚热带降为暖温带；漠河从温带降为寒温带，离寒带气候已经不远了。

我国是世界上夏季比较热的国家。从华南到东北，7月平均气温比世界同纬度平均约偏高0.5~3.0℃。不过，由于夏季气温本身已经很高，空气湿度又大，因此，即使加上的这些温差看起来不大，炎热程度还是有了很大提高。

但是，我国还不是世界上冬夏温差最大的国家。例如西伯利亚7月和1月平均气温相差最大可达65℃，而我国冬夏温差最大的漠河也不过只有47℃。但是西伯利亚主要是冬寒，夏季并不热，甚至盛夏也只有仲春、仲秋的温度，所以那里四季变化实际上反而不鲜明。

我国北方大部分地区，冬季冷得可以滑冰滑雪，夏季又热得可以游泳；南方长江中下游地区冬季也可见冰雪，而盛夏又常热得令人汗流浃背，有些人过个夏天要瘦掉好几斤①肉。这样的冬冷夏热才世所罕见。

所以，正是因为我国如此冬冷夏热，毛泽东主席才把我国一年的主要气候特点概括为一个"寒热"。他在《贺新郎·读史》词中说："人猿相揖别，只几个石头磨过，小儿时节。铜铁炉中翻火焰，为问何时猜得，不过几千寒热。"它的主要意思是，人类从类人猿分化出来以后，便进入了石器时代，这是人类的幼儿时期。接着人类社会进入青铜器和铁器时代，这个时代只有几千年。他在这里不用通常使用的"春秋"而用"寒热"来表示年，这固然是因为诗词押韵的需要，但"寒热"确实也高度概括了我国气候的主要特点。这令研究了50多年中国气候的我也非常佩服。

极端气候，季风制造

我国如此冬冷夏热，主要是由大陆性季风气候造成的。这种季风气候是由海陆分布加上青藏高原形成的。

我国冬季风来自北半球最严寒的西伯利亚，所以才有了世界同纬度上最冷的冬季。

---

①1斤=0.5千克，下同。

我国夏季风主要来自太平洋和南海。但我国夏季比世界同纬度偏热的原因，除了夏季风气流来自南方外，还有大陆性气候的原因。因为大陆比热容比海洋小，夏季易热。还有，制造我国长江中下游地区夏季伏旱高温的，也正是这夏季风的源地——太平洋的副热带高压本身持续控制的结果。

实际上，这种冬夏季节盛行相反方向（因而空气温湿度差异极大）气流的季风气候，不仅在东亚制造了我国及周边地区世界上最冬冷夏热的极端气候，而且还在南亚制造了世界上最极端的夏多雨冬少雨气候（例如，印度乞拉朋齐6月雨量2875毫米，而12月仅5毫米），以及在北非制造了世界上最极端的冬干燥夏潮湿气候（例如马里首都巴马科，8月平均相对湿度81%，而2月仅24%）。

季风于我，大利大害

季风对我国的重大影响，可以用"大利大害"四个字来概括。下面说其中三点。

由于冬季风使我国成为同纬度上冬季最为寒冷的地方，每年多耗费取暖煤数千万吨还是小事，重要的是寒冬大大缩短了我国农作物的生长期，并使我国各种热量气候带大幅南移。以亚热带指示植物柑橘为例，欧洲北纬40°以北的地中海地区还都能生长，而我国要到30°以南的长江中下游才有栽培的经济价值。

但是我国大陆性季风气候的优越性也很巨大。例如，夏热使我国一年生的喜热粮棉作物分布界限之北，世界数一数二。再如我国大部分地区雨季在夏季，雨热同季，"好钢用在刀刃上"。对比同纬度地中海地区，那里雨季正好下在全年最冷的冬季，雨水和热量的利用便都不够经济。

更重要的是，我国大约北纬30°以南的南方地区，是地球上的"回归沙漠带"纬度。世界上凡南北回归沙漠带纬度中的大陆都成为了大沙漠，例如撒哈拉、阿拉伯、澳大利亚大沙漠等。但是我国南方（以及相邻的中南半岛、印度半岛），由于季风送雨，便成为了"回归沙漠带"上的"大绿洲"。

影响深远，风俗文化

实际上，冬冷夏热气候影响之于我国，不仅在于物质方面，而且还在于人文和精神方面，例如人们的生活、风俗习惯和文化。

在生活和风俗习惯影响方面只需举个"寒"字例子就够了，因为"寒"的影响已经深入到了古人生活中的方方面面。例如，古代称贫穷的读书人为"寒士"；出身贫穷人家为出身"寒门"；谦称自己的家为"寒舍"；称"寒士"因贫穷而出现的窘态为"寒酸""寒碜"；称因失望而痛心为"寒心"。最有意思的是，古人称见面打招呼的问候为"寒暄"（"暄"是温暖之意，"寒暄"就是问寒问暖）。"寒暄"一词，到现在都还有人在使用。

冬冷夏热对我国文化的影响同样极为深刻，下举三例。

首先是24节气文化。因为我国冬冷夏热，季节节奏快，种地如不抓紧农时，"人误地一时，地误人一年"，即连收成都会成问题。24节气的诞生帮助了古代农民掌握农时，得到比较好的收成。当然，24节气主要是历史贡献，于今则主要以"中华岁时节令文化"形式在民间继续丰富和发展。

冬冷夏热气候对我国古代诗词文化的影响也是很显著的。古人也经常用鲜明四季及景物来抒情、喻志、讽刺时弊、泄愤发牢骚等。我国四季世界最鲜明，对古诗词影响自然也最大。例如，几乎每一首古诗词中都会有"春夏秋冬、风霜雨雪、云雾晴阴……"等气象名词。著名的雷锋同志座右铭"对同志要像春天般的温暖，对工作要像夏天一样火热，对个人主义要像秋风扫落叶一样，对敌人要像严冬一样残酷无情。"不是也只能诞生在四季鲜明的我国吗？

中医理论认为，人致病的原因主要有内、外因两大类，外因主要是"寒、热、燥、风、湿、火"等六淫，可见其中主要都是气象条件问题。而且中医讲究"因时（季节）、因地（气候）、因人（寒症、热症）治病"，以及"冬病夏治"等，这些也都与气象条件有关。"顺四时（季）而适寒暑"可以说是中医养生的总原则。这是因为人到老年，免疫功能降低，外因更易致病。因此，顺应季节变化，自然便成了养生的关键所在。所以南京中医学院的干祖望老教授才说："欲知《灵枢》《素问》（即《黄帝内经》）之精华，半在气象。"

所以，我曾说过，"中医是中国气候给'逼'出来的（《人民日报》1999 年 3 月 23 日）"。现在，我又进一步认识到，中医和中医养生文化只能在特殊的中国气候条件下诞生。

（原载《气象知识》2010 年第 4 期）

中国的春天

◎ 林之光

　　从黑龙江畔到南海诸岛，从青藏高原到东海之滨，祖国大地的自然春光也是绚丽多彩，无比美好的。

北国春光气象新

　　芳草嫩绿，垂柳鹅黄，它告诉人们，严冬已经过去，春天降临人

北国春光

间；待到小麦拔节，社燕翻飞时，大地铺满明媚春光；而布谷声声，绿满田野时，则大致是春尽夏始的季节了。参照物候变化，我国习惯上以五日平均气温升到10℃为冬尽春始，高过22℃为春归夏至。根据这一标准，首都北京春始大致在4月5日，东北稍迟，沈阳4月15日，哈尔滨4月27日，我国最北的黑龙江省呼玛县漠河镇要晚到5月20日左右才春到人间，是我国东部地区入春最晚的地方。

和世界同纬度相比，我国冬季是世界同纬度上最冷的地方，夏季却又是除了沙漠以外同纬度上最热的地方，因此，春季升温十分迅速。例如北京4月份比3月份升高8.4℃，5月又比4月升高7.5℃。越往北去，春季升温越快，漠河4月比3月升温13.5℃，5月又比4月升温9.6℃。"春风一夜，千树梨花"，就是对北方春季升温迅速的写照。

在我国西北内陆地区，气候干旱，太阳热量几乎全部用来增温大气，因此，入春比东部平原早得多。例如新疆吐鲁番3月16日入春，比同纬度东北平原早了一个多月。但是，因为干旱地区春季升温比东部平原迅速得多，春来早，春去更早，4月下旬就入夏了，比东北早了近两个月，所以吐鲁番春长只有44天，比东北平原短了约半个月，是我国四季俱全的地区中春季最短的地方。

我国北方的春季，大都是丽日当空，阳光普照。秦岭、淮河以北，日照百分率（实际日照和可能日照之比）都高达60%~70%以上。西北地区春雨更少。日照多，气温高，雨量少，湿度低，这些因素形成了西北地区的干旱气候。可是，"水利是农业的命脉"，只要解决了灌溉问题，这些不利气候条件就会走向反面，成为十分有利的气候条件，从而使粮棉高产，瓜果甜美。解放二十多年来，塔里木、准噶尔和柴达木等盆地周围，河西走廊地区，旧貌换新颜，处处林带蜿蜒，绿洲相连，涌现出了许多高产稳产的粮棉基地。天山南北一样春风杨柳万千条，沙漠里的春天格外美丽，"春风不度玉门关"已经成为历史旧话了。

江南春雨润禾苗

从华北地区向南，越过淮河秦岭，便进入我国南方广大地区。和北方相比，这里是另一番天地。你瞧，华北平原一望无际的麦田，换成了水网地区沟渠纵横的块块水稻田，山区的梯田更像是叠起了千层湖泊，直上蓝天。春之华北，阳光明媚，而"清明时节雨纷纷"，却是南方春季气候的一个重要特点。我们以长沙、南昌为例，3—5月间平均日照率只有28%，即白天的72%时间见不到太阳，十天里平均有六天有雨。3—5月总雨量647毫米，几乎占了全年雨量的一半。江南充沛的春雨，对种植水稻十分有利，这就是为什么长期以来，我国作物分布形成"南稻北麦"的气候上的原因。

阴雨天一多，地面上吸收的太阳光热量就大大减少了，土壤一潮湿，水分蒸发又大量耗热，因此江南春季升温很慢，逐月间气温只上升5~6℃，只及北方的2/3~1/2。这样，南方的春季就延长了。例如南昌、长沙3月8—10日入春，5月中春尽，春长69天左右，比北京要长14天左右。"春风又绿江南岸"，可是在时间上，长江上中下游大不同。上游四川盆地因为重山围护，北方冷空气不易侵入，所以2月下旬已经春始。中游的武汉比上游要晚半个月，约3月12日左右春回大地。下游的上海，更晚到约3月28日春才来。春到海面是最晚的，嵊泗列岛入春在4月初。下游春晚的原因主要是海洋的影响，因为海洋是热量的仓库，秋季比大陆冷得晚，春季比大陆暖得也晚，所以沿海春季就姗姗来迟。但海洋因为春季升温慢，春归便晚，所以春季就比内陆要长。例如嵊泗列岛春长约81天，比武汉长13天；青岛春长74天，比济南长26天，大连春长83天，比天津长了一个月之久。

俗话说："春天孩儿脸，一天变三变。"我国南方春季虽然多雨，但并非终日阴沉，而是时晴时阴，加上冬无严寒（极端最低气温很少降到零下 15℃以下），空气湿润（相对湿度平均高达 80%~85%），因此，对茶叶、柑橘、竹子等许多亚热带经济作物的栽培很有利，我国的高山云雾茶质量之优，久负盛名。

南方冬春阴雨期长，夏秋伏旱期短，所以全年雨量充沛，江河水流丰盈。雨水不断融蚀地表，造就了绿水青山、奇峰异洞的绚丽风光。闻名中外的杭州西湖春色，福建小武夷诸峰及九曲名胜，桂林、阳朔"甲天下"的山水等，都与这种多雨湿润的气候有关。

华南风雨送春归

长江中下游地区的最南部，是绵延在湘、赣和闽、粤、桂边界的南岭山脉和武夷山脉，由于山脉对南下冷空气的阻滞，岭南"三冬无雪，四时常花"，是我国气候上的无冬地区。即使是在腊月，这里仍然是万紫千红，春意盎然。在这华南无冬区里，秋季没有终点，春季没有起点，长夏无冬，春秋相连。如果一定要分春秋的话，那么最冷的 1 月中旬前后，勉强可以作为秋尽春始的分界。这样，华南大多数地区春长都在三个月以上，是我国东部春季最长的地区了。

在华南无冬区里，从 10 月到翌年 3 月，是全年的少雨季节，真正的雨季在 5—9 月（海南岛 5—10 月）之间，4 月份正好是旱季向雨季过渡的季节，4 月雨量比 3 月要增加一倍以上，有些地方 4 月份已经进入雨季。因此华南无冬区春季结束之月，正是进入雨季之时，"风雨送春归"。除了华南以外，我国东北平原、黄土高原等地区大部也有类似特点，春归、雨季接踵而至，不过那已是晚到 6 月下旬的事了。

从华南再向南去，就是碧波千顷中的祖国南海诸岛，那里既无冬

季，也无春秋，四时皆夏，太阳全年在头顶上高高照耀，平均气温总在22℃以上波动。这里冬夏温度虽也有不同，但相差极微，是所谓"日为盛夏夜为冬"的热带地区，从这个意义上来说，凉爽的早晨该是热带之春了吧。在靠近赤道的南沙群岛部分岛屿，太阳春秋季两次经过天顶，气温变化一年两高两低，最热的时候正是在春季5月份呢！

高原飞雪迎春到

祖国的春天，千姿百态，绚丽多彩。正当东部地区百花盛开时，祖国华南已是春归的季节，几千里青藏高原上却是飞雪迎春。

从温度上讲，青藏高原并不是处处都有春季的，北部海拔4000米以上，南部海拔300米以上就没有春季。强烈的阳光，寒冷的气温，在平原上不可调和的矛盾在高原上统一起来了。"太阳出来晒脱皮，有点云彩雪花飞"，"日晒胸前暖，风吹背后寒"，这两句谚语虽略夸张，但还不失为客观地反映了高原这一重要的气候特点。随着海拔高度的降低，春暖从无到有，逐渐提前，海拔2260米的西宁和海拔3658米的拉萨分别在4月底和5月上旬内入春。一直到大约1500米高度上，7月份始有夏热。因此，在1500～4000米高度间，从气温上来说，和东北北部一样，都是长冬无夏、春秋相连的气候，和华南刚好是相对的。

高原上的春长变化很大，从高原冬夏温差小、春季升温慢来说，应普遍比东部平原为长。例如青藏高原东北坡上的兰州（海拔1517米）春长90天左右，比东部平原长了70%左右。可是随着海拔的升高，入春延晚，春长缩短。例如西宁春长83天，而海拔3700米的青海玉树春长就只有35天。在全年皆冬的高度上，春长就等于零了。

我国北方大部分地区的4、5月份也有飞雪，但从自然季节来说，大都是雪先止而后春到，北方沿海甚至平均终雪日之后 20 天左右才春至。可是，青藏高原许多地区是春先到（指有春地区而言）而雪后止，这也是高原气候的一个特点。

云南四季总是春

我国的许多地名中有"春"字，可是实际上这些地方的春季都不算长，吉林长春春长只 58 天，台湾恒春实为恒夏，春长只 48 天，福建永春春天算长了，也只有 102 天，都既不"永"，也不"恒"，仅仅反映了人们对万象更新的春天的喜爱而已。但是我国却确实有这么一个地区，从温度上讲，3—5 月是春天，盛夏 7 月、隆冬 1 月也是春天，这就是我国云南中南部的四季如春地区。即使春秋各半，春长也有 182 天半。这才是我国春季最长的地方。

原来，从青藏高原东部南下，高度逐渐降低，到云南中南部地区，海拔 1500 米左右，7 月平均气温尚在 22℃以下，盛夏而无酷热；因为这里纬度已低，冬季太阳也很高，日射热量丰富，加上东部有重重高山阻滞来自东北方的寒潮冷空气，因此，这里 1 月平均气温也在 10℃以上，隆冬而无严寒。昆明因此有"春城"之誉。

不过，云南中南部并非平原，地形起伏很大，特别是西部地区更是高山大江并排南下的横断山区，因而气候变化也很大。例如红河河谷中的元阳县城海拔 1493 米，属于四季如春的气候；但 1200 米以下就长夏无冬，秋去春来，而海拔 2000 米以上山顶地区却又是长冬无夏，春秋相连；在更高的山上，还有既无夏季又无春秋的全年皆冬气候。反映在植被景观和农作物上，从山麓到山顶相应地具有热带、亚热带、温带和寒温带的特征，所以有人称这里是"立体的气候，立体的农业"。

因此，四季如春并不是整个云南中南部的气候特点，而只是山区垂直气候链中的一环。空间分布你中有我我中有你，时间分布也是这样。这里虽然四季皆如春，但高原上的气温日变化很大，气温昼夜之差比冬夏之差还大，故而一日之中有四季，一季之中有冬夏。例如昆明仲春四月，午后最高气温和清晨最低气温之差平均是 14.7℃，而冬夏温差只有 12.3℃。因为我国冬春季节多寒潮，逐日之间气温变化很大，所以一季之中有冬夏，这在全国各地也都是普遍现象。所以入了春还要预防春寒，比如插了秧要预防烂秧天气，小麦拔了节还要预防晚霜袭击，有备无患，才能变被动为主动，夺取农业生产的更大丰收。

（原载《气象知识》1981 年第 1 期）

中国北极黄河站建立始末

◎ 高登义

　　根据中国第一历史档案馆文登·扶余和鞠德源教授的未出版之书《中国人与北极的历史渊源》介绍，认为"东方朔是中国亦是世界上最早到达北极探险的第一人"、"谢青高是中国参与英国库克船长探索阿拉斯加、白令海峡和北极边缘的第二人"、"康有为是中国遍游世界暨探访北极的第一人"。据作者的查证，东方朔和谢青高是不是到过南极或北极，目前还没有比较充分的证据。目前比较有把握的观点，康有为可能是第一个到达北极的中国人。

　　1908 年 5 月，康有为到达北极斯瓦尔巴群岛的那岌岛（Edge lsi-and，北纬 84 度附近），写了一首"携同璧游挪威北冰洋那岌岛夜半观日将下末而忽升"一诗，并有诗注："时 5 月 24 日，夜半十一时，泊舟登山，十二时至顶，如日正午，顶有亭，饮三遍酒，视日稍低日暮，旋即上升，实不夜也。"其中所描述的现象正是北极极昼的真实写照，没有见过北极极昼的人是不可能描述得如此准确的。因此，作者认为，康有为可能是到达北极的第一位中国人。

　　关于近代中国人参与北极科学探险和考察，其中值得我们记住的大事件是：

　　第一，我国第一个进入北极地区的科学家是高时浏，他是武汉测绘学院的教授，1951 年夏天到达地球北磁极点工作。

　　第二，我国第一个到达北极点的新华社记者李楠，1958 年 11 月，

李楠记者乘飞机从莫斯科到达北极点着陆。

第三，2001—2003 年，在中国科学技术协会的领导下，在挪威驻中国大使馆和国家海洋局极地办公室的支持下。中国科学探险协会在北极斯瓦尔巴群岛的朗依尔宾建立了中国人的第一个北极科学探险考察站：中国伊力特·沐林北极科学探险考察站，促进了我国北极黄河站的建立。

中国科学家建立中国人自己的北极科学考察站，经历了十年的努力。

1991 年 8—9 月，作者应挪威卑尔根大学 Y·叶新教授的邀请，参加了挪威、前苏联、中国和冰岛四国科学家联合的北极综合科学考察。这次考察除了取得一些成果，发表了一些文章之外，更主要的是，作者从 Y·叶新教授赠送的《北极指南》（英文和挪威文版）中看到了《斯瓦尔巴条约》的英文版。我很兴奋，因为在此条约中记载，中国是1925 年成为该条约的成员国，所有成员国有权在斯瓦尔巴群岛建立科学考察站、开矿、办校等明确规定。在此条约的鼓舞下，中国科学家积极促进我国北极科学考察站的建立。

积极向国内有关领导部门汇报，呼吁尽快在斯瓦尔巴群岛建立我国的北极科学考察站

考察完毕归国以后，作者向国家有关领导部门汇报了此事。中国科学院听取了作者的汇报后，一方面责成中国科学探险协会促成此事，另一方面在中国科学院"九五"重大科研项目《极地与全球变化研究》中增加了一个小子课题"北极斯瓦尔巴群岛科学建站调查研究"，由作者负责。我国南极考察办公室听取汇报后，认为应该促进在北极建科学

考察站，但因当时南极考察办公室没有北极的科学考察任务，只能表示支持。

加强与挪威等北极地区国家的科学技术合作

1991 年秋天，作者受中国科学探险协会主席刘东生院士委托，代表中国科学探险协会和挪威卑尔根大学的两位校长会谈，签订了合作协议，旨在中挪双方联合进行北极和青藏高原科学考察。中国科学院在 1995 年 5 月以陈宜瑜副院长为团长（成员有秦大河、高登义、张兴根）的中国科学院代表团访问挪威有关政府部门，为中挪科学技术合作和北极建站打下了坚实的基础。1995 年 12 月 4 日到 10 日，以秦大河为团长（成员有高登义、张青松、刘小汉、刘健和赵进平）的中科院代表团在美国参加国际北极科学委员会组织的科学答辩，以申请加入国际北极科学委员会。要申请加入国际北极科学委员会有两个条件：第一，国家必须有三年以上的北极科学考察历史；第二，必须有北极科学考察的论文。为此，我们把发表的北极文章，翻译为英文，装订成册。答辩进行了两天，最后我们通过了答辩，以中国科学院的身份参加了国际北极科学委员会。1996 年，国家海洋局极地办公室主任陈立奇和中国科学院资源与环境局局长秦大河等代表我国出席国际北极科学委员会，以中国政府的名义加入了国际北极科学委员会。1996 年 8 月，作者陪同中国科学探险协会主席刘东生院士到北极斯瓦尔巴群岛去访问，主要是为了北极建站的事情。1997 年我们在国家基金委的支持下，和北极的 UNIS 大学合作在斯瓦尔巴群岛及其附近海域进行了北极大气科学考察。

走"科学与企业、新闻媒体三结合"的道路，完成建站任务

经过我们前后 10 年的努力，2001 年 9 月，挪威驻中国大使馆正式来函邀请我们到斯瓦尔巴群岛考察并建站。2002 年夏天，我们在北极斯瓦尔巴群岛的朗伊尔宾建立了中国人的第一个北极科学探险考察站：中国伊立特·沐林北极科学探险考察站。从此中国人在北极有了自己的科学考察基地。建站期间，收到了十几个国家集邮爱好者的来信，要求签字盖章；同时有 40 多个外国科学家访问了我们的考察站。

此次北极建站考察，得到了全国政协副主席宋健院士的表彰，他给中国科学探险协会写信说，"雅江探险活动反映甚好，也有重大科学价值，现北极站也已落实，极好，这是中国科学家们'走出去'的一项很有价值的活动，祝你们在新的方向上取得成功，明年（注：2008 年）夏大概是去 SVALBARD 的好时机，敬祝探险事业大成。"

我们建站考察期间，中央电视台、《人民日报》、新华社等国内外新闻媒体广为宣传，在国内外引起较大的影响，促进了国家有关部门的

重视。2004 年夏天，我国政府在北极斯瓦尔巴群岛的新奥尔森建立了中国黄河科学站。中国科学家的愿望得以实现。

附一：中国人与南极

传说郑和去过南极。在一位英国人写的《郑和与南极》书中，提出郑和到达了南极。作者认为，郑和是否是第一位到达南极的中国人，有待进一步考证。

在近代中国人的南极科学考察中，值得我们记住的是：第一批去南极科学考察的科学家是中国科学院的张青松和国家海洋局的董兆乾（1980 年）；中国第一次南极（《南极条约》规定南纬60度以南为南极地区）考察队队长郭琨；中国第一个横穿南极的科学家是秦大河；中国在南极地区有三个站：长城站、中山站和 Dome-A 站；2005 年，中国科协组织南极科学考察，进行"南极企鹅信息传播"和"南极火山环境"研究，填补了国家南极考察之空白。现在我们国家已经在南极采集到陨石七千多块，其中包括两块来自火星的陨石，我国已成为世界上第三个采集陨石最多的国家，日本最多，美国第二。

附二：南极条约

人类经历了一百多年的南极探险和科学考察，发现南极是地球上至今未被开发的宝地和人类最后的天然科学实验圣地。

1959 年 12 月 1 日，美国、前苏联、英国、法国、日本、挪威、比利时、澳大利亚、新西兰、智利、阿根廷、南非共 12 个国家在华盛顿

签订了《南极条约》，共分 13 条。《条约》的宗旨和内容是：为了全人类的利益，南极应永远只用于和平目的，不应成为国际纷争的场所；保证科学的考察自由和为此进行的国际合作；禁止在南极采取一切军事性质的措施，冻结各国对南极的领土要求。上述 12 个有权参加协商会议的国家就是协商国，而后来加入南极条约的国家为加入国。但条约规定，加入国在南极建立科学考察站或派遣科学考察队进行研究活动，从而对南极表示了兴趣时，有权成为协商国。

自 1961 年 6 月 23 日《南极条约》生效以来，每两年召开一次协商合议，由协商国轮流担任东道国。会议除交换情报、共同协商有关问题外，还阐述有关考虑并向协商国政府建议旨在促进条约的原则和宗旨的措施。

1983 年 6 月 8 日，我国政府递交了加入书，并自该日起《南极条约》对我国生效。

《南极条约》随着形势的不断变化而逐步完善和充实。1972 年和 1980 年在各协商国的倡议下，先后谈判制定了《保护南极海豹公约》、《保护南极海洋生物资源公约》。

（原载《气象知识》2007 年第 2 期）

大气的力量

在气压王国里遨游

——记小好奇学大气压知识

◎ 王奉安

　　小好奇是个气象迷，他做了一个很长很长的梦，在妙趣横生的气压王国里逗留了一个月。在气象专家齐爷爷的精心安排下，通过拜访气象学家、做实验、参观实物、看电视、参加夏令营等，比较系统地学习了有关大气压的知识。

水·水·水

　　这个题目挺有意思：水·水·水。其实这三个水代表三个意思，它们是抽墨水、吸药水、喝汽水。

　　这天午休后，齐爷爷来到招待所，送给小好奇一支皮囊式自来水金笔。并对他说："你在气压王国参观学习的最后一部分内容是大气压力的应用。我想先考考你：根据物理课学过的和平时掌握的知识，你能举出几个大气压力在日常生活中应用的实例吗？这支笔也算其中涉及的例子之一。"

　　小好奇略加思索后回答："能。我就说说抽墨水、吸药水和喝汽水这'三水'吧！"

齐爷爷听后，忍不住哈哈大笑起来："你这小家伙，来得倒挺快呢！"

考试开始了。

小好奇拧开自来水笔，像物理老师给同学们讲课那样，绘声绘色地讲了起来：

"提起自来水笔，人们都很熟悉，许多人都离不开它。使用最普遍的就是这种皮囊式自来水笔。用这种自来水笔'吸'墨水的时候，必须先压瘪皮囊，手松开后，墨水就被'吸'进来了。

其实，墨水进入皮囊与其说是被'吸'进去的，还不如说是被大气压压入的：当皮囊被压瘪时，囊里的空气减少；松开皮囊后，囊里的气压因空气减少而降低，墨水瓶中墨水面上的大气压就把墨水压进皮囊里了。

金笔皮囊里有了墨水，再通过笔尖和笔舌之间缝隙的毛细作用，墨水就能源源不断地'流'向笔尖任人书写了，难怪叫它'自来水'笔。"

"这第一'水'讲得不错！"齐爷爷喜笑颜开。

小好奇并没有急着讲第二"水"，而是请齐爷爷一起到隔壁的医务室。

一位护士正在准备给小儿注射。小好奇指着护士手里的注射器，小声说：

"护士阿姨用注射器'吸'药水，也是靠大气压把药水压进注射器里的。

"这第二'水'说得简明扼要。"齐爷爷又一次赞扬道。

该说最后一'水'了。

小好奇请齐爷爷一同到室外。

眼下时值三伏天，热得很。

小好奇反客为主，到树荫下买了两袋旅游汽水，请齐爷爷喝。

小好奇边用塑料管"吸"汽水边说：

"近年来，这种红红绿绿的用塑料袋包装的旅游汽水大量地出现在市场上，吸引着烈日下干渴的人们。

当你买一袋旅游汽水时，售货员同时还要给你一个塑料管或麦秆、蜡纸管。喝汽水的时候，你只要用嘴一吸，汽水就能沿着细管上升到嘴里。

这是因为，细管插在汽水袋里，细管的里面和外面都跟空气接触；也就是说，细管的里外都受着同样大小的大气压。当我们嘴含着细管一吸，细管里的空气被我们吸掉了，管内水面上的气压就比管外水面上的气压小，于是，大气压就会把汽水压进细管，使管内的水面上升。

我们不停地吸，汽水就不断地被吸到嘴里，直到喝完为止。"

小好奇把塑料管和塑料袋投入卫生箱，擦了擦手说："问题全都答完了，请齐爷爷指教。"

"不错，不错！"齐爷爷像品尝了美味佳肴似地赞叹道，"不过，我要让你知道更多的、更有趣的东西。"

（原载《气象知识》1988 年第 2 期）

在气压王国里遨游——飞机与压差

◎ 王奉安

夜深了，小好奇还是翻来覆去睡不着。他太兴奋了，明天他就可以坐上飞机了。明天，气压王国将举办优秀中学生一日航空夏令营，小好奇将作为特邀代表参加。齐爷爷是这个夏令营的名誉营长。

天终于亮了。

宽阔的机场上，停着一架银白色的又高又大的飞机。像一只展开双翅的雄鹰，在阳光照耀下闪闪发光，格外夺目。

小好奇望着那架巨大的飞机，跑步向前，扑进机舱。

飞机开动了！地面似乎在颤动，小好奇的心也随着紧张起来。飞机像离弦之箭向蓝天冲去。

小好奇有生以来还是头一次坐上飞机呐！他摸摸这儿，看看那儿，就连前排座后的清洁袋也要"考究"一番。至于窗外的美景那就更不用说了，让他看了个够。

一位"空中小姐"走过来，热情地请他们吃糖。小好奇说了声谢谢，把一块高级糖放到嘴里。他听爸爸说过，坐飞机吃糖可以保护耳膜，免遭减压造成的损伤。

过了一会儿，小好奇不那么"好奇"了，齐爷爷才拉开了话题：

"飞机比空气要重，它却能在空中飞翔，这是为啥呢？原来，飞机是利用机翼产生的升力来支持它在空气中飞行的。而升力的大小又与机翼上下的气压差直接相关。

你在物理课里曾经做过'吹纸条'的小实验吧，现在你来重新做一次吧。"

小好奇想，这有什么难的。他立即拿一张纸条，用手把纸条按在下唇下部，对着纸条上方吹气，纸条就在气流中飘了起来。

"你说说，纸条为啥会飘起来呢？"齐爷爷在考小好奇，看他学过的知识忘了没有。

小好奇对答如流："这是由于纸上方的空气流动得快，气压就小了；纸下方的空气流动得慢，气压相对变大，纸条的上下产生了气压差。于是，从高压向低压产生一股力，纸条就向上飘了起来。"

"你答得很好。"齐爷爷说，"物理上的伯努利定理就是论述流速和压强关系的。这条定理指出：流体的速度增大时，其压强减小。你虽然还没学这个定律，不过可以先掌握点有关知识嘛！"

齐爷爷从皮包里拿出一个小巧玲珑的飞机模型，拧松机翼螺丝，把机翼去掉一小段，露出了翼型。

他指着翼型说："机翼升力的产生，和吹纸条是一个道理。你看，机翼翼型厚度不是均匀的，而是前缘厚，较圆滑；后缘薄，较尖锐。我现在用笔从中画一条连线，叫'弦线'，分为上下两半。这时可以看出，机翼上表面像一座拱桥，下表面比较平坦。

你再看，从前缘到后缘，上表面的气流路程长，下表面的气流路程短。当飞机在空中快速飞行时，空气被分成两股流过上下翼面。机翼上面的空气流得快，对机翼的气压就会减弱；下面的空气流得慢，对机翼的气压就要比上面大一些。

这样，由于气压差而产生把机翼向上托起的升力，使飞机在空气中飞行时不会掉下来。为了上升和飞行，在机身里装有发动机，使飞机前进。"

齐爷爷喝了一口"空中小姐"送来的橘汁，继续说：

"飞机获得升力的大小和机翼形状有密切关系。最早的机翼结构简单、制作容易，采用平板翼型，但结果性能很差。

后来人们发现把翼型做成像鸟翼那样弯拱形状，升力能提高许多。著名的莱特兄弟的飞机就采用了这种翼型。

以后，德国研究出戈廷根 387 翼型，美国研究出克拉克 Y 翼型，增加了剖面的厚度，改善了升力特性。但是戈廷根翼型因为后部弯曲，制造不便，目前已很少使用。而克拉克翼型，制造简便，一直到现在一些模型飞机和滑翔机还在采用。"

齐爷爷刚要结束谈话，忽然又补充道：

"我刚才提到的鸟翼翼型，有人也称为茹柯夫斯基翼型。这是为了纪念俄国的空气动力学家茹柯夫斯基在这方面的贡献。他曾亲身体验机翼产生升力的情况，经过系统的观察实验，终于想出了改善飞机机翼升力的方法。"

说着说着，飞机在气压王国机场徐徐降落。

（原载《气象知识》1988 年第 3 期）

在气压王国里遨游

——水陆两用的气垫船

◎ 王奉安

清晨，东方欲晓，轻纱似的晨雾在山腰、水面缭绕、飘荡。山岭、海湾、房舍时隐时现，悠然变幻，好似海市蜃楼一般。

早饭后，日出雾散，齐爷爷把小好奇带到一个群山环抱、碧水一湾的海港。海港里停靠着各式各样的船只。

齐爷爷领小好奇上了一艘与众不同的船。小好奇在《十万个为什么》上曾看到过这种船的插图，一眼就认出这是气垫船。

气垫船开动了。它又轻又快地在水面上奔驰。几只海鸥尾随着气垫船的航道追逐浪花。

过了一会儿，小好奇问齐爷爷："齐爷爷，这气垫船为啥跑得这么快？"

"是啊"，齐爷爷把话接了过来，"普通的船在水中行驶时，船体要受到水的很大阻力，所以速度很慢。于是，人们想方设法把船'举'离水面，

水陆两栖气垫船

减少阻力。近年来，许多国家研究了能在水面上飞翔的船。这些船在航行时，船体完全离开水面，只受到空气的阻力，比在水中航行时的阻力大大地减少。这种船就是咱们现在乘坐的水陆两用的气垫船。"

"是什么力量把几百吨重的气垫船'举'离水面的呢?"小好奇问。

"问得好!"齐爷爷很高兴，"我今天带你来的目的就是要给你揭开这个谜。简单地说，这是压缩空气的功劳。"

"噢，这也与大气压有关!"

"当然了。气压王国的许多事物都与大气压有关。"

"齐爷爷，您给我说说有关气垫船的知识好吗?"

"好的。气垫船是 20 世纪 50 年代开始出现的一种新型交通工具。它的发明者是被称为'气垫船之父'的英国工程师科克雷尔。在气垫船里装有强力压气机，这压气机产生的高压空气由船底四周的环形通道喷出，以很大的压力向下冲向水面。根据作用和反作用的原理，船体就得到一个方向向上的反作用力。当这个反作用力达到足以托起船体重量时，船体就被抬出水面。

这时，在水面和船体之间形成一层气垫，因此，这种船称为气垫船。然后，利用斜向插入水中的螺旋桨，或利用空气螺旋桨产生推力来推动船体前进。

气垫船作为新型独特的船种，可以在海洋、激流、浅滩、沼泽、沙漠上任意驰骋，显示出无比广阔的发展前景和强大的生命力。

英国是气垫船的故乡。英国多佛是现今世界最大、最现代化的气垫船港口。港内的超大型 SRN-4 型气垫渡轮，能同时运载 416 名乘客和 60 辆汽车，40 分钟即可横渡英吉利海峡。"

返航的时间到了。小好奇玩得真开心!

（原载《气象知识》1988 年第 4 期）

在气压王国里遨游
——压缩空气用途广

◎ 王奉安

"压缩空气不单单用在气垫船上，它的用途可广啦!"返航的途中。齐爷爷告诉小好奇这样一句话。

午饭后，齐爷爷来到小好奇的住处，做了一个小实验。

他从皮包里拿出一个没安针头的注射器，用一块橡皮堵住出口，把活塞推进管子里去，可推到中间就推不动了。他把手一松，活塞又弹了回来。

"你看，"齐爷爷说，"玻璃管中间有空气占据着，我为什么能把活塞推进去呢?"

"这个我能回答上来，"小好奇自信地说，"物理老师曾给我们做过这个实验。它说明了空气的体积能够被压缩。被压缩了的空气叫压缩空气。压缩空气是有弹性的，所以您把手一松，活塞又弹了回来。"

小好奇看到齐爷爷那鼓励的眼光，便接着讲下去:

"人们利用空气可以压缩这个性质，把空气压缩成高压气体，然后将它用于各种用途:把空气压进汽车、自行车的轮胎里，行驶时的震动就能减轻;把空气压进篮球、排球、皮球里，拍起来球才能跳跃。"

"看来你对学的知识掌握得不错。"齐爷爷很高兴，"再有，采矿用的风镐、工业上用的铆钉枪、喷农药用的喷雾器、公共电汽车车门的开和关等都是利用压缩空气来工作的。

我国有许多织布厂装了喷气织布机，利用压缩空气织布，使织布的速度大大加快。

有时，还采用更大的压力，把空气压缩到几千大气压，用于科学研究及某些工业的工艺过程中。"

齐爷爷把小好奇领到室外，指着林荫树下一辆崭新的自行车说："借你骑一圈儿，过过瘾。"

小好奇不知齐爷爷是何用意。不过，他确实很想摆弄摆弄这辆漂亮的新自行车。不料刚一推，后胎没气了。

小好奇正想说什么，只见齐爷爷笑嘻嘻地递过来一个打气筒。

齐爷爷告诉小好奇："制取压缩空气是采用专门的空气压缩机。最简单的空气压缩机就是人们非常熟悉的自行车打气筒，这种打气筒可以把空气压缩到 2～3 个大气压。"

小好奇这才明白，是齐爷爷故意把后胎放了气。

小好奇骑完了车，齐爷爷领他到许多地方参观，了解压缩空气的用途。

——金属熔炼厂，机声隆隆，炉火熊熊，一片沸腾景象。

——铸造厂，同样是热气腾腾。

——海边，拍岸浪发出有节奏的响声。

——沉船打捞队。队员们正在打捞一只一百多年前沉入海底的战舰。

——煤气公司调度室，总调度正在通过电视屏幕进行指挥。

——立交桥，火车、汽车奔驰、轮船急驶。

——矿山坑道，地下长龙。

　　紧张的参观结束了。当晚，小好奇在日记上写道：

　　通过多方面的参观使我看到了，压缩空气广泛应用于冶金、铸造、海上作业、水下作业、煤的气化、交通运输、采矿等各行各业以及人民的生活中，它正在日益为人类作出更多贡献。

（原载《气象知识》1988 年第 5 期）

在气压王国里遨游
——真空技术身手不凡

◎ 王奉安

昨天，齐爷爷给真空技术研究所齐工程师打了电话，请她今天接待小好奇。

按照齐爷爷的安排，早饭后，小好奇在小赛克的陪同下，向真空技术研究所出发。

在和小赛克谈话中小好奇得知，原来齐工程师是齐爷爷的女儿、小赛克的姑姑。

齐工程师40岁左右，戴一副白边眼镜，一看就是个有学问、有教养的人。看到小好奇他们来了，她很高兴。

她给两个孩子端来两杯清凉饮料，然后说："你们的齐爷爷打来电话，要我给你们介绍介绍有关真空技术应用方面的知识。我看咱们就以谈话的方式进行吧，你们想知道什么可以随时问，好吗？"

"好的。"两个孩子齐声回答。

"不过，"齐工程师扶了扶眼镜，"我先要问你们一个问题，那就是什么是真空？"

小好奇思索片刻回答："真空，顾名思义，就是一个气体分子也不存在的那种环境；或者说没有大气压的那种环境。"

"说得对，你真聪明。"齐工程师非常高兴，"不过，这样的环境目前还没有办法获得。真空按照气体分子量存在多少的不同，又分为低真空、中等真空、高真空和超高真空四种。"

齐工程师稍停了一会儿又说：

"托里拆利真空你们可能听说过。自从托里拆利真空出现以后，很快就应用到各个科学领域。

例如，1650 年德国学者克查用实验证明了'声音不能在真空中传播'；1660 年波义耳证明了'真空中不同的物体自由下落其速度是一样的'等等。"

"姑姑，葛利克的马拉半球实验不就初步揭示了什么是真空吗?"小赛克问。

"是的，"齐工程师回答，"不过葛利克的抽气机比较简陋，只是利用活塞机械地抽气，所以他只能获得低真空。"

齐工程师领着这两个孩子进了陈列室。

她指着一盏白炽灯泡说：

"1873 年人们就发明了这种白炽灯泡。灯泡内需要抽成真空，否则里面有氧气的话，灯丝就会被烧掉。从那时以后，真空技术在工业上就获得了重要应用。最显著的标志是，许多结构新颖、抽气能力强的抽气泵接连出现。"

齐工程师边走边讲：

"你们看，这种旋转水银抽气泵是 1905 年发明的；这种油封旋转抽气泵是 1907 年发明的；这种分子抽气泵是 1913 年发明的；这种扩散抽气泵是 1915 年发明的。这些抽气泵的问世，使人们迈进了高真空的大门。现在，又发明了这种具有强大抽气能力的离子抽气泵，能获得超高真空。"

"抽气泵可真了不起呀！"小好奇惊叹地说。

齐工程师带小好奇他们回到会客室，大家又喝了杯清凉饮料。齐工程师继续说：

"在冶金工业上，真空技术也得到了许多应用。比如，用真空炼钢、炼铝，可以防止金属的氧化。现在，已经制造出能在 0.01～0.001 百帕大气压的真空中，一次熔炼一吨钢的真空炉。"

齐工程师的知识可真渊博，不愧是齐爷爷的女儿。小好奇心里暗暗地想，只见齐工程师又说道：

"你们都知道，在高山上不容易煮熟饭，这是气压降低使水的沸点也降低的缘故。在真空条件下，水和许多物质的沸点会更加降低。实践证明，在 23 百帕气压的低真空中，水的沸点仅为 20℃。因此，在食品工业中，常常把牛奶、果酱、酵母等受热后容易变质的食物在真空下除去水分。"

齐工程师打开抽屉，取出两支铝壳金笔送给小好奇和小赛克，并告诉他们：

"在有机化学工业中，也常把锌、铝、铬、镁等金属在真空中加热成蒸气，再冷凝成液体以除去其中所含的杂质，得到纯金属。例如，真空蒸馏所得的这种金属铝，所含的杂质铁少于十万分之一，比电解所得到的金属铝还纯。"

齐工程师一讲起真空技术来就忘了一切。她竟忘了对方是两个上中学的孩子，她像给大学生讲课那样，说了不少小好奇他们似懂非懂的专业名词。

"齐阿姨，您说的我虽然没完全听懂，但我已看到了，真空技术真是身手不凡啊！"小好奇由衷地说。

"你说得对，"齐工程师说，"可是，人类向真空世界进军才刚刚起

步，要想获得 10^{-11} 百帕气压的超高真空，现在还实现不了。就是在这样的超高真空中，每一立方厘米的空间里仍有 30 万个气体分子。而在太空中，每一立方千米仅有一个气体分子！这样比较起来，真空技术还是大有潜力可挖的。"

　　两个孩子告别了齐工程师，边走边说，长大了，争取到太空中遨游，领略一下真空世界的风貌。

（原载《气象知识》1988 年第 6 期）

风与"力家四兄弟"

◎ 阳　玫

　　我是"流动着的空气"。不过,这个名字太长了,人们便把我称为风。我的脾气变化无常,时而温柔,时而暴躁,人们对我常常捉摸不透。我曾经温柔地抚摸过大地上无数小树、小草等植物的躯体,亲吻过熟睡在摇篮里的小宝宝的脸,从而受到人们的称赞;我也曾残暴地摧毁过高大的建筑、人们居住的房子以及各种生活设施,无情地把树木齐腰折断,从而受到人们的咒骂。千秋功罪,任人评说。我为我对人类犯下的种种罪过而深深地忏悔。但无论我干了多少坏事,都并非我所愿,每当听到人们骂我,心里头就会有无限的委屈:人类呀,你们理解我吗?

　　其实,我本性温柔善良,性格文静。我的愿望是在地球的表面上尽职尽责,为大家创造适宜的温度和湿度,使地球上的各种生命都能够在这个舒适的环境下繁衍生息,代代相传。可恨我那讨厌的邻居——力家的四个兄弟,他们凭着自己的力气,每时每刻都控制着我,限制着我的行动,我本来就是轻飘飘的,哪里斗得过它们,于是我便在它们推来拉去的过程中干了我不想干的事。所以说,我完全是身不由己呀。

　　力家四兄弟中的老大叫"气压梯度力",这名字可能人们会感到比较陌生。它呀,是由于我两侧的大气压不同而形成的。一天,我正在草地上与花草树木静静地依偎在一起,这时不知不觉地老大便来到了我的身边,硬要把我从气压高的一侧往气压低的一侧推,于是我不得不与花草树木依依惜别,由着它把我推来推去。它时而力气较小,推着我慢慢

地走；时而又力气很大，把我推得飞快。

正当这个力家大哥把我摆弄得起劲时，力家二哥看得心里发痒，也出来凑热闹，这力家二哥便是科里奥利力，简称"科氏力"，亦称"地转偏向力"。由于地球日夜不停地自转，地转偏向力便因此得了一个怪脾气，就是它总要和它的大哥闹别扭，力不往一处使，在北半球，它要把我往右边拉，而在南半球，它又要把我往左边拉。这样，力大哥要把我直直往前推，而力二哥又非要我改变方向不可，一推一拉，我就只好在不停地飞跑的同时，不停地改变着方向。

就这样，我在力家这两个兄弟的推拉下到处飘荡，时而快，时而慢。正当我在力家老大和老二的推拉下不得不转弯时，突然力家的老三出现了，它叫惯性离心力。它很鬼，专门躲在转弯处，当你一不留神时就出来吓你一跳。这个惯性离心力也有一个怪脾气，就是它总看不惯两个哥哥们时不时要我拐弯，一发现我在拐弯，它就会跳出来大声地对它的哥哥提抗议："老让风转弯干什么，这样它会头晕的。"它边说边把我往外推，嘴里还不停地说"往外走，别拐得那么急"，于是我只好听话，再一次改变方向。当我直来直往时，力家老三就不吭气了。

正当我疲于奔命，身不由己任人摆布时，幸亏得到力家老四的帮助。它心地最善良，对我最好，它看不惯他的三个哥哥这样戏弄我，因此，每当我被推来拉去时，它便出来阻止，把我往后拉，试图减小我向前的速度，并告诉我别走那么快。这个好心的力家老四便是"摩擦力"。它非常善解我意，当我本来跑得不怎么快时，它知道我对人们的破坏性不大，所以，往后它拉我的力气也小一些，但当它发现我跑得飞快时，它便会使出很大的力气把我往后拽，我跑得越快，它拽我的力气也越大，使我的速度大大减小，破坏力也大大减小了。这个力家老四呀，在粗糙的地面上以及在高低起伏、凹凸不平的山地上时，力气就较大；但当在较平整光滑的地面时，力气也就较小。所以每当我在较平滑的海面上飞速地向前冲去，眼看就要破坏海上的船只时，心地善良的老四想拽住我，减小我的速度，却是力不从心。

我在近地面层，几乎没有过静止的时刻，我就这样身不由己地由着力家的四个兄弟们推来拉去。当它们的合力较小时，我便是人们喜爱的微风。说心里话，这时，我还是有点感激这力家四兄弟的，它们能使我四处游荡，快活无比，我经常越过高山，与树交友；跨过平原，抚慰绿油油的庄稼；我给植物传播花粉；给夏季的炎热带来一丝丝的凉意；我能轻轻地吹拂姑娘们的秀发，使她们更加美丽动人；也能吹干小伙子们身上的汗滴，使他们更加大方潇洒；我能给老人们以慰藉，给孩子们以惬意……但当它们的合力较大时，我就不得不横冲直撞，就成了人们憎恨的大风、狂风、台风、龙卷风……我摧毁房子、折断树林、损坏庄稼……无恶不作。这时，我心里真是恨透了它们！没有它们，我哪会干出这些坏事？

我以自己能为人类做些好事而骄傲，更为我所做的坏事而忏悔。人们呀，请你们理解我吧！

（原载《气象知识》1999 年第 1 期）

电线奏鸣曲是谁演奏的

◎ 张向东

奇怪，刮风时电线能发出悦耳的"奏鸣曲"，这和风有什么关系？是谁演奏的"电线奏鸣曲"呢？下面，我们就做一个有趣的实验来看看"电线奏鸣曲"是怎样发生的。

首先，我们设计一个宽度一致的水槽，使水在其中能够均匀地缓慢流动。再在水槽的上游水面撒入一些锯末或颜料，观察所产生的现

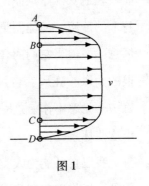

图1

象，就会发现边缘水流的速度很小，甚至为零。在贴近槽壁的一薄层内，如图1中的 AB，CD 部分，水流速度由外往里逐渐增大，且在 BC 部分即槽的中部速度大小基本不发生变化，像图1的样子。这是怎么回事呢？原来这是由于静止的槽壁对水施加了一个与水的速度相反的摩擦力，同样，离槽壁较近的水由于速度慢而对里部较快的水也施加一摩擦力，严格来说是黏滞力。这种黏滞力由外向里逐渐减小，在流体中部几乎为零，所以中部的水流几乎不受黏滞力的作用，从而形成了上述的速度分布。水所具有的这种产生黏滞力的性质在流体力学中称为"黏性"，通常用叫做雷诺数的一个物理量来衡量其相对大小，记作 Re。现在我们在水流速度大小相等的中部，放入一圆柱体。如同上面所说的槽壁和水之间所具有的黏滞力一样，圆柱表面与水之间也存在黏滞力的作用，从而贴近圆柱面的水由于速度小不能像两侧的水流一样很快的流到

圆柱后，这就造成了圆柱后水流的亏空，因此外侧流速大的水就要向里运动形成回流，形成如图 2 所示的速度分布。刚才提到的雷诺数 Re，它与流动的水平尺度、流速及流体的性质有关。对于上述水流来说，它的水平尺度及性质已经确定，其雷诺数 Re 只取决于速度。我们增大水流的速度，则它的雷诺数 Re 也相应地增大，即黏性作用相对减小，图 2 中的回流发展成了图 3 中所示的涡旋对。一旦涡旋对形成，那么在这个区域内的雷诺数 Re 显著增大，雷诺数 Re 的增大又使得涡旋不断增长，如图 4 所示。当雷诺数超过一定值（Re^*）的时候，这种涡旋就变得不稳定。它保持着涡

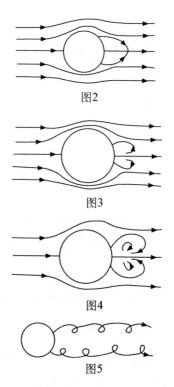

图2

图3

图4

图5

旋状态并让位于从圆柱两侧交替出现的新涡旋，在圆柱下游形成一涡旋列，如图 5 所示。此处 Re^* 称为临界雷诺数。这种涡旋在流体物理学中称作"卡门涡旋"。"电线奏鸣曲"正是这所谓的"卡门涡旋"造成的。

　　风作为空气流体的运动自然和水流一样具有黏性，产生黏滞力。当风和电线相垂直的时候，也就如同上面实验中把一个圆柱体垂直放入水流中一样，在电线后面形成了由风所产生的卡门涡旋，如图 5 所示那样。由于卡门涡旋的不对称性，在电线上产生了一个周期性的气动力，当这种力交替变化的频率和电线的固有频率相等的时候，就引起了悬浮在空中的电线有节奏地振动而"演奏"起婉转的有节拍的"音乐"来。这就是卡门涡旋所演奏的"电线奏鸣曲"。

（原载《气象知识》1985 年第 2 期）

会变魔术的大气

神奇怪异的下关风

◎ 谭 湘

以苍山洱海构成的大理风光，粗犷与秀丽相生，热辣与柔美共存。尤以"风、花、雪、月"四大风景闻名于世。其中下关的"风"名列四景之首。"风"景确实有点怪，有点神。

笔者虽未到过下关，但对下关风早有耳闻。下关的风，确实与众不同。它不刮阵风，也不刮季风，而是四季呼啸，昼夜不停。故下关留下"风城"的美称。下关风的奇特之处，在于冬春季吹西风，夏秋季节吹西南风，四季风向基本不变。由于风向稳定，所以这里的树木的树梢都是向东"一边倒"，整齐划一，煞是有趣。下关风的另一怪异之点，是一年四季天天有风。据气象部门统计，下关风平均风速为每秒4.2米，最大风力可达10级。一年之中，大风日数在35天以上，而一般的风则

大理下关新城

是每天必刮。有趣的是，在下关市，无风便有雨，如果风向改变，吹起东风来，那是必下雨无疑了。

更为有趣的是在下关市有一座黑龙桥，在桥附近，有一种奇异的自然现象：如果你向北走，风从南面吹来，吹落了你的帽子，这帽子本应落在你身前，却偏偏落到身后。如果你向南走，迎面一阵风把你的帽子吹走，这帽子又不是按一般规律落到你身后，反而落到你的前方。这是一种多么奇怪的风啊！笔者一位朋友前不久去云南出差，有意要去下关看看这怪怪的风。一天上午这位朋友专程来到下关黑龙桥看"风"。当地导游听说他是专门来看"风"的，忙说："看风？现在不是时候，等下午再来吧。您看见苍山上起云的时候，风就来了。"下午，这位朋友又来到黑龙桥，当山头云起的时候，果然风来了，撩起行人的衣裙，掀起桥下河水的浪花。他忙走到横跨在西洱河上的黑龙桥北端面南而立。此时一阵大风吹来，把他戴在头上的草帽吹走了。等他睁开眼睛时，那草帽果然端端正正地落在他前面，一连试了两次都是如此。最后一次，我朋友眯起眼睛要看个究竟，只见草帽被吹走后，在他身后划了一道弧形，高高地升到了半空，然后飘飘忽忽地几弯几拐，转到了他的前方，突然又侧着身子飞落在他的面前，就像孩子们玩飞碟一样，神奇极了。

这到底是怎么一回事呢？这与下关特殊的地理位置有关。下关市海拔2000米，比它西边的漾濞山高出500米。而下关的西北面是亘绵的点苍山，西南面是高耸的哀牢山脉，它们自北向南延伸过来，成为一座高空西风气流的巨大屏障。冬春盛行的西风和夏秋印度洋的季风，便通过点苍山和哀牢山之间的狭长山谷进入下关市，因而形成了长吹不停的下关风。当冬春季节，高空西风强盛时，下关更是"风口"，大风狂呼不止。而黑龙桥更是这风口的"风口"。黑龙桥位于点苍山和哀牢山之

间的西河上，把下关分成了关内关外，桥北为关内，桥南为关外。点苍山、哀牢山把这里夹峙成一个狭窄的槽形。因为关外连着坝子（平地），所以吹偏南风的时候居多。当偏南风吹来挤过狭窄的槽口时，很自然地形成由下而窜上的现象，这种风势当然不会把帽子直接吹向北边，只能是带着它在空中划出神奇的一圈，然后稳稳当当地落在你的前面。

我忽然从这风中领悟出一个道理：大自然绝不会无缘无故地跟人们开玩笑，任何一种自然现象，都有其形成的必然原因。人们有时在自然面前感到困惑，那是因为我们只看到了事物的现象。如果抓住这现象不放，探究下去，找到原因，那么，人们在自然面前就会是强者了。

（原载《气象知识》2002 年第 6 期）

大气的魔术

假如空气中没有尘埃

◎ 刘润全

　　尘埃就是浮游在空中的微粒子、尘土、细沙烟尘等。这小小的幽灵栖身在大气中，凭借着空气的浮力，悄然飘来，又无声地离去。它来去匆匆，无孔不入。

　　尘埃的产生，主要来源于人类活动、地壳的自然风化和宇宙间各种天体的运动等。

　　全球的降尘量每年达千万吨以上。尘埃污染了空气，也给人类带来了许多麻烦。许多细菌、病毒和虫卵，就是靠着它到处"漫游"传播疾病的。工业粉尘还能使人患上各种难治的职业病。医院的手术室里，需要无菌操作。尘埃的存在，往往会带来意外。面粉厂里过多的粉尘，又有引起爆炸的可能性……

　　尘埃让人讨厌。但是没有尘埃好不好呢？没有尘埃也不好。

　　——没有尘埃，自太阳辐射来的光就得不到反射、散射和折射，如果再没有空气分子，地球上就会漆黑一团。由于空气中混有大量尘埃，当太阳辐射在大气中遇到微粒尘埃时，太阳辐射的一部分能量便以这些质点为中心，向四面八方散射开来。散射可以改变太阳辐射的方向，使天空明亮起来。

　　——没有尘埃，地球表面温度将会上升。温度太高，不但人类无法忍受，就是地球上的其他生物，也难以生存。因为尘埃和水汽结合可以变成云滴，成片的云滴就组成了厚厚的云层。云层具有"反光镜"的作用：可以将照在其上的一部分太阳辐射反射回宇宙空间，从而有效地削弱了太阳光线的强度，这样就使地面升温不致过高，也不至于急剧下降。

——没有尘埃，天上的云无法形成。因为云是由悬浮在空中的水滴或冰晶形成的。

科学实验证明：在没有凝结核（尘埃）的情况下，即使空气达到了过饱和状态，相对湿度达300%～400%，也还是难以凝结的。但只要加上一些吸湿性微粒（如烟灰、尘土等），水汽便会立即凝结成水滴。这些微粒能将水汽吸附在自己的表面上，形成云滴的胚胎，故被称为"凝结核"。微粒的半径一般在 10^{-7}～10^{-3} 厘米之间。微粒愈大，对水汽分子的吸附作用愈强，水汽分子愈容易在它的表面上聚集。工业区和大城市上空之所以多雾，就是因为城市空气中的尘埃较多的缘故。没有尘埃不但形成不了云层，更谈不上下雨。那么，河流干涸，土地龟裂。这样，自然界的一切就将走向今天的反面。

——没有尘埃，宇宙中的许多有害射线都将会毫无阻挡地进入地球表面，并对人类产生致命的威胁。

尘埃，既令人讨厌，但人们又离不开它。因此，空气中不能没有尘埃！

（原载《气象知识》1997 年第 5 期）

雪花趣谈

◎ 张海峰

　　"战罢玉龙三百万，残鳞败甲漫天飞。"这是古时形容大雪的名句。生活在北方的人，每年都有幸饱览几次大雪从天而降的壮观：那纷纷扬扬的大雪团，像棉絮，像鹅毛，呼朋结伴扑向大地温暖的怀抱。不多时，山川尽染，银装素裹，把壮丽的北国，打扮得妖娆多姿。

　　看着纷纷白雪，常令人心底涌现出无尽的遐思，不禁使我们想起了一则古代趣闻：一千多年前的东晋时代，宰相谢安和几个孩子围坐在一起欣赏雪景。屋里炉火熔熔，窗外白雪纷纷。谢安一时灵机触动，向孩子们发问："白雪纷纷何所似?"一个男孩接口说："撒盐空中差可拟。"宰相笑而不语。这时，一个十来岁的女孩子想了想，说道："未若柳絮因风起。"好个"柳絮因风起"，回答得太妙了，不仅把风中雪花洁白的颜色形象地作了比喻，而且把雪花那轻盈飘逸的姿态活灵活现地表现出来了。谢安满意地频频点头，其他孩子也拍手叫绝。这个女孩是谁呢? 原来，她就是后来成为晋代名列第一的女诗人，谢安的侄女——谢道蕴。

　　谢道蕴以其幼小的年纪、敏锐的才思赢得了诗坛盛誉。然而，她却未必知道：柳絮般的雪花竟都是由一个个形状多端、美丽异常的冰晶组成的呢! 拿出我们的放大镜，一幅幅奇妙的图案便呈现眼前，星星一样的小雪花在镜片下抖动、闪光，它们有的像盛开的牡丹，有的如傲霜的腊梅，有的似杈丫的鹿角，有的又像六个方向张开去的六把小扇子，真是形形色色，美不胜收，令人眼花缭乱。大自然以其绝妙的神力，雕琢出这么精致的艺术珍品，不能不令人叹服。就是最天才的画家和雕刻家看了，怕都要羡慕不已呢！

别忙，再细心地观察一番，我们便可以进一步发现：不管这些雪花如何的奇妙多姿，但是，它们都有一个共同的特点，基本形状多呈六角形。

世界上最早发现雪花六角的是谁呢？是我国西汉文帝时代的韩婴。他在《韩诗外传》中明确指出："凡草木花多五出，雪花独六出。"这个发现是了不起的，比德国天文学家开卜勒记述雪花是六角形的要早一千七百年。

现在需要揭示的秘密，是雪花为什么呈六角形？

原来，这是因为雪花一般是由水汽在小冰晶上凝华增大而形成的，六角形状同水汽凝华的结晶习性有关。我们知道，冰晶属于六方晶系，

雪花

它的分子以六角形的为最多,当然也有三角形或四角形的。由于冰晶的尖角处位置特别突出,水汽供应最充分,凝华增长得最快,所以便在六角形的冰晶楞角上长出一个个新的枝杈,最后变成了六个花瓣样的雪花或者枝状、柱状、针状、星状雪花。

冰晶在变成雪花前,总是在云中不停地运动着,而它周围的水汽条件也在不断地发生变化,这样就使得水汽在冰晶上时而沿着这个方向增长,时而又沿着那个方向增长,从而形成了雪花的"千姿百态"。

雪花的体积是很小的,所谓"鹅毛大雪"、"残鳞败甲",其实是它们在飘落途中,成百上千颗黏附在一起形成的。由于空中温度的关系,有时候它们会成为直径几厘米的大雪团。唐代伟大浪漫主义诗人李白的咏雪名句"燕山雪花大如席,片片吹落轩辕台",家喻户晓,千古传诵,虽然作了无限的夸张,可是用来形容北国的大雪,给人的感觉却又是那样的合情合理呐!

我国劳动人民历来对雪花怀有深厚的感情,为什么?因为"瑞雪兆丰年"嘛!纷纷扬扬的雪花,形成了茫茫雪原,给大地盖上了一层厚厚的"棉被"。越冬的小麦、油菜和其他植物的种子静悄悄地躺在这床奇特的棉被底下,尽管上面朔风呼号,寒冷刺骨,而这里,却是个宁静、温暖、舒适、安逸的小天地。不信,你去测测温度,即使在零下三十多摄氏度的酷寒天气,在一尺多厚的雪层下面,土壤的温度仍在0℃上下。冬天的积雪保存了土壤中的热量,而到春天,融化的雪水又滋润了千顷良田,给农作物以丰富的水分供应,催植物早发,催植物生长。

看着这一切,怎能不令人感慨:

啊,雪花,欢迎你早日光临!

(原载《气象知识》1983 年第 6 期)

蒸发——看不见的气象过程

◎ 张学文

蒸发是看不见的气象过程

谈到气象，人们很容易想到蓝天、白云或者暴风骤雨这些容易看到的气象过程。现在介绍一种看不见的气象过程，它的学术名称是蒸发。

气象学中把液体的水或者固体的冰、雪变成看不见的水汽的"升华"等过程总称为蒸发。蒸馒头或者洗澡的时候我们经常看到水蒸气，为什么说水汽看不见呢？

这是一个误解，气体状态的水汽都是以分子状态存在的，单个水分子的直径比一个毫米的万分之一还小，眼睛是看不到它的。人们通常说的水蒸气其实是一些小水滴，它仍然是液体而不是气体。他们的直径大约是气体水分子直径的 1 万倍，有的是小水滴组成的。

水分蒸发变成水汽的过程固然直接看不见，但是我们也可以推测出这个过程的存在。杯子里剩下的水为什么今天没有了？它蒸发到空气中去了。晾到外面的湿衣服为什么干了？衣服上的水分也是蒸发到空气中去了。

为什么会有蒸发过程

水分为什么会蒸发？我们说只要空气的相对湿度没有到达 100% 的

饱和状态，暴露在空气中的液体或者固体的水分就会往空气中跑，这就是蒸发过程。如果空气中的水分已经达到了它的最大的容量，即相对湿度已经到了100%，水分就不蒸发了。在非常潮湿的地方，洗好的衣服晾了很久都不干，原因就是空气的相对湿度已经是100%了，这时蒸发过程也就停止了。

在空气比较干，风比较大，阳光比较足，温度比较高的时候蒸发过程就进行得比较快，否则蒸发就比较慢。

各种计量蒸发量的方法和含义

为了研究自然界的蒸发，气象站就得测量每天蒸发量究竟有多少。为此他们把一个直径20厘米的盛了水的容器（称为蒸发皿）放在外边，到第二天再测量水分减少了多少。减少的部分就是一天的蒸发量。

气象站测量蒸发的方法简单易行。把每天测量的蒸发量加起来就得到了全年的蒸发量。如果全国各地的气象站都这么做，我们也就知道了全国各地的全年蒸发量了。

但是这种方法也有缺点：它不能完全代表自然界真实的蒸发量，有时偏差非常大，这一方面是由蒸发皿的直径太小造成的。另外，自然的下垫面有的干有的湿，还有沼泽、农田、湖泊或者海洋。这些不同的下垫面的实际蒸发量显然各不相同。气象站测量的蒸发量究竟代表谁？

为了研究不同的自然情况下的蒸发量，人们选用直径更大的蒸发皿或者测量土壤、水面、农田甚至叶面的蒸发量。这些测量蒸发的方法技术比较复杂，成本比较高，只有少数的试验站可以进行。另外，人们还研究了一些公式也可以间接计算蒸发量。

对蒸发量的误解

各地气象站都有蒸发量资料，也经常被人们引用。在很湿润的地区，气象站测量的蒸发量大约是自然蒸发量的60%。所以利用它粗略分析蒸发量的差别还是可以的。但是在干旱地区气象站测量到的蒸发量与实际蒸发量就有非常严重的偏差。

例如新疆吐鲁番盆地的托克逊，气象站测量的年蒸发量是3.7米。有人就说那里的蒸发量大得惊人。然而实际情况是那里的年降水量不足1厘米厚。所以当地自然条件下可以提供的蒸发量最多也就是1厘米。这与3.7米就差了370倍。

把气象站测量的蒸发量作为干旱地区的实际蒸发量来描写显然是扭曲了事实。气象部门应当把气象站的蒸发量改称为"蒸发能力"，就会减少人们的误会。人们在引用蒸发量数据时首先弄明白它的准确含义也会避免这种误解。

蒸发与降水量、流量的关系

蒸发是地面的水分升到空气中，而降雨降雪是空气的水分降落到地面上。它们不仅是两个相反的气象过程，也是相互依存的两个过程。如果地面上的水分不再通过蒸发进入空气中，不出10天地球上再也看不到雨雪了。

蒸发不仅与降水相互依存，还与地面的河流有关。在极度干旱的地区，降水量很小。它的实际蒸发量与降水量是相等的。那里的地面上没有河流，连干枯的小河沟也没有。我国的沙漠地区就是这样的。在河流的源头或上游地区，那里的降水量比实际的蒸发量要大。这些多余的水

分形成了河流，并且沿着河谷慢慢地流进了海洋或者湖泊。

在任何一个自然流域，它的蒸发、降水与河水流量都是基本平衡的。写成公式就是：

任何一个闭合流域:（降入流域的降水量）=（蒸发量）+（流出流域的河水量）

蒸发与光合作用的关系

农田、森林、草地、花盆里的水分除了透过土壤蒸发以外还有很多水分是通过植物体，主要是植物的叶子，而蒸发到空气中的（一般把通过植物而蒸发的过程称为蒸腾）。

为什么植物也要蒸发水分？这不是浪费吗？研究发现这也是误解。实际上，植物的光合作用和蒸发（蒸腾）过程是同时进行的化学和物理过程。一般说来，植物蒸发（蒸腾）的水分越多它生长也越快，或者说蒸发越多农作物积累（形成）的干物质也越多。农作物离不开水分的主要原因原来在这里！所以我们不要小看蒸发过程。如果没有植物的蒸发（蒸腾），植物本身不能生长，没有了植物，地球上也就没有动物和人类了。

大自然真是一个奇妙的整体，它既有暴风骤雨，也有默默无声的蒸发过程。你想过吗，如果没有了蒸发，天空也就没有了雨水，没有了雨水也就没有了河流，没有了植物和动物。

蒸发过程联系着地面的河流、湖海、植被以及我们地球村的一切。在进行大规模的引水灌溉、南水北调、植树造林和环境保护的时候，应当对每个步骤引起的蒸发量的变化进行科学的分析。因此，正确认识蒸发过程及其规律，对于保护、利用、改造自然有着非常重要的理论意义和实践意义。

（原载《气象知识》2002 年第 3 期）

暖气片为什么会"冒烟"

◎ 黎荣昌

在严寒的冬季，我国的北方城市室内都安装暖气取暖，经过一段时间，在暖气片附近的墙面上，常出现黑乎乎的类似烟熏的痕迹。这是什么缘故呢？

显然，暖气片是不会冒烟的。这种污迹其实是一种空气污染现象。

我国北方地区属于大陆性气候，空气很干燥，冬季寒冷而漫长，有的地方冬季竟长达半年以上。在冬季室内取暖时一般气温保持在20℃左右，空气相对湿度常常在30%以下。室内干燥的粉尘常易被人体活动等方式形成的扰动气流扬起，在空中飞扬。那么这些粉尘又是如何污染到墙面等物体上的呢？

在暖气片附近，气温最高可达六七十摄氏度以上，成为冬季室内的高温区，这里的空气密度最小，强烈的热对流迫使气流加速上升辐散到上层空间，下层空间较冷的空气源源不断地向暖气片周围辐合，形成了以暖气片为热中心的非对称式热力环流。气流经过暖气片附近时，其中的固态粉尘受热水分被蒸发变得更加干燥，同时又与气体分子摩擦成为一个个既干燥而又带静电的微粒，它们借助气流的热力循环周游于室内空间。

一部分颗粒较大者（直径大于10微米）在流速较小处，如床下、家具背后、墙角等处，因重力大于浮力而降落下来，另一部分颗粒较小的粉尘继续往复流动于室内。它们的归宿将受到室内各种环境因素的影响。

在暖气片附近较干燥的墙面上，由于这里靠近热力中心，气流上升速度快，流量大，那些带静电较多的粉尘，首先被墙面吸附。流量越大的地方吸附越多。这就是暖气片附近墙面变黑似烟熏过的原因了。

房屋的外墙和窗户，由于直接受室外低温的影响，使紧贴墙内侧一层空气为室内的低温区，气温常在露点以下，浮尘流经此处空间时，充当凝结核，使水汽凝结并沾着在墙面和窗户上，致使室内的外墙内侧面比其他三面墙和天花板都黑。窗户框上也附着着黑黑的一片。

近年来人们在进行室内装潢时，会给暖气片装上滤尘罩，有的房间还安装了空气滤清器等，对减轻室内的大气污染，保护室内环境，维护人体健康起到了一定的作用。但要从根本上解决和减轻室内污染问题，还应重视室外大环境中大气污染源的根治，以及搞好城市绿化和环境保护工作。

（原载《气象知识》1996 年第 6 期）

孔明灯、热气球与积云

◎ 易仕明

　　王教授在一次气象科普讲座上作了一个有趣的报告，题目是：孔明灯、热气球与积云。开讲前教授先作了一个孔明灯的演示。他拿出一个纸袋，袋口是用竹篾卷成的圆圈，竹圈中间有一个细铁丝的十字架撑着，十字架中间用更细的铁丝扎上一小团棉花，袋口直径约 40 厘米。此时教授平拿着袋口向上一提，纸袋就膨胀起来像个圆桶，约深 60 厘米，我们暂叫它"纸袋灯"吧。纸袋是用很薄很软的棉纸做成的，底部封好不能漏气，然后教授用另一只手拿着袋底把整个纸袋倒过来，口向下，底朝上。此时他请一位学生把一小瓶酒精倒在棉花上，再用火柴点着，很快纸袋胀得更圆。教授轻轻把手一松，这个纸袋灯就冉冉飞起来了。大家高兴地看着它飞到教室顶，并随风在顶板下移动，很快酒精就燃烧完了，纸袋灯又慢慢落下。余兴未尽，大家仔细地看着："嘿！不就是一个简单的纸袋吗？"教授讲："是的！就是一个简单的纸袋，但是要让它飞起来可有说头。它能飞起来是靠纸袋中的空气被烧热，热空气密度小，就在周围密度较大的空气中产生浮力。当浮力大过纸袋本身的重量时就浮升起来了。"

　　这一原理的应用早在我国大约 1000 年前就有了。《中国大百科全书·航空航天卷》介绍：五代（公元 907—960 年）叶莘七娘随丈夫入闽作战曾用竹和纸作成方形大灯，底盘上燃以松脂，当热气充满纸灯时，灯即扶摇直上，用作军事信号。最初叫松脂灯。这实际上就是小小

的热气球。这种灯流传于中国许多地方，但形状各异，大多为球形或圆柱形。也可用油或柴作燃料。名称亦有多种：在四川叫孔明灯，其他地区还有云灯、云球、飞灯、天灯及宫粉（云南西双版纳）等多种名称。此外西南有的地方在节庆日用它来作游戏，即在广场上燃放一个较大的孔明灯，群起追逐，待它落下，最先拾得者得胜。以上说明我国不仅是热气球（即孔明灯）最早的发明者，也是热气球运动最早的发明者。

在外国，据大不列颠百科全书及美国百科全书记载：在1782年法国有两个从事造纸业的人，人们称他们"蒙可尔费兄弟"，他俩在烟囱冒烟的启示下做了一个类似孔明灯那样的，用很薄的丝织物制作的袋，在其下面烧纸，使之充满热气，丝袋果然飞了起来。但也就像我们刚才施放的孔明灯一样，也只是升到天花板就落了下来。此后，他俩又连续试验做了更大的。在1783年6月5日，放飞了历史上第一个热气球。它飘行2.3千米。同年9月19日，他们制成一个更大的热气球，在凡尔赛宫广场给路易十六国王表演，同时还把羊、公鸡、鸭各一只送上了

放飞孔明灯

天。这只球在空中飘行了8分钟，行程2.4千米（见下图）。同年11月21日，两名法国人罗齐埃和达尔朗德乘坐这种气球在巴黎上空飘行了25分钟，平安降落在约8千米外的一个地方。这是人类第一次乘航空器在空中航行。外国的热气球比我们的孔明灯晚了近千年，但他们载人的热气球却比我们要早。

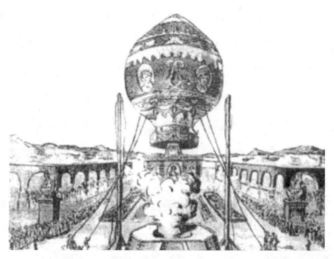

1783年9月10日蒙可尔费兄弟在法国凡尔赛宫表演热气球

孔明灯实际上就是小小的热气球，它是利用球中热空气的密度比球外空气的密度小而产生浮力。当气球的总浮方比气球的总重量大时，气球就会浮起来。球内的温度愈高，球愈大，浮力也愈大。国际航空联合会保持着体积从250～16000立方米10个级别的热气球记录。去年（1999年）由瑞士探险家比尔和英国人琼斯做的不间断环球飞行的热气球"飞船三号"，体积达18500立方米，用32个大型丁烷气罐做燃料。整个气球及座舱重达9吨，因为太重，所以球内还同时加氢气以增加浮力。他们3月1日从瑞士起飞，3月20日越过终点线在开罗西南600千米处降落，圆满完成环球不着地飞行的创举。

教授讲到此，提出了一个问题。我们常见的天上像馒头或像棉花那

样的云，即气象学上的"淡积云"，是否也是像热气球那样，是一块块热空气泡上升形成的呢？这好像不对劲！因为没有球皮，空气会自由流动，看不见空气中有一个个球泡啊！可是事实上淡积云确确实实是由一个个热空气泡所形成的，和热气球的原理一模一样，下面讲讲它的形成过程：

由于地表面情况多种多样，其中裸地、沙地、向阳坡地受到较多的太阳照射，地表温度相当高，它上面空气的温度也高。而水面、树林、农作物上面的温度就比上述地面状况上空的温度要低。温度高的空气就会以一个个热空气泡的形式向上浮升，在浮升中还可能有多个气泡合并起来变得更大。不过这时这种空气泡还看不见。热空气泡在上升中气压会降低，温度也要按绝热方式降低（但还是比气泡周围的温度高），热空气泡再升高，直到其中的水汽饱和。空气泡中的水汽就会凝结成云，形成云的单体，就是我们常见的淡积云。发展完好的淡积云，简直就像一个个半球或棉花团。有的云是由几个云的单体连在一起的，但由于它没有"球皮"包着，能够和周围空气自由交流，所以被空中风一吹，很容易破碎、消散。在夏季，你只要注意，就会发现，一个个淡积云存在的时间都不长，只有十几分钟或数十分钟。如果伴有较强的上升气流，可在淡积云的基础上发展成更大更高的浓积云、积雨云，它们像大山、巨龙，形成风暴、雷阵雨和冰雹。但你仍能看到它们的顶部多半呈圆形顶。它们发展和存在的时间要长一些，但也不过数小时。特别是在夏季，这种强对流云常造成灾害。所以气象工作者很注意监视、预报并对这种强对流天气进行研究。但此处要强调一下：积云发展，特别是强大的浓积云、积雨云云体向上发展不单是地表热力作用，多数是靠冷锋锋面的动力抬升作用，这已不是本文所讨论的范围了。

（原载《气象知识》2000 年第 4 期）

人间有天河　渺渺在苍穹

◎ 姚彭生

　　大气中所含的水分看上去很少，只占地球水总量的 0.001%。但事实上，在大气参与下产生的水循环，使地球上每年的降水总量可以达到 5.7×10^{17} 千克，是大气中所含水分的 40 倍。而且地球表面约有 30% 的地区被云和雾所覆盖，即使一块不太大的积云，所含的水分也有 10 万到 100 万升，因此，空中蕴藏着丰富的水资源，正所谓"江河之水天上来，奔腾到海复又回"。

　　在高山地带无雨的夜晚，仍然可以听到从屋檐落下的滴水声，或者看到水珠从树枝上滚落而下，这些都是由雾和云产生的水。因而在特定的情况下，用人工巧妙地"捕雾取水"也是可行之举。据报道，加拿大和智利的科技人员，根据当地的地理位置和天气情况，运用别具一格的"捕雾技术"，在智利北部的圣多佛山，成功地采集了"天赐之水"，为一个名叫丘恩贡果的干旱村庄的百户人家解决了用水难题。

　　丘恩贡果村背靠圣多佛山，地处阿塔卡马沙漠，白天气温很高，年降水量只有 400 毫米，仅够沙漠中草木的生长。居民的生活用水由外地开来的供水车运送，因此用水紧缺，一大铁桶水要维持两周，人们每星期只能洗涤一次。然而每天清晨，人们都能看到笼罩在山顶上的浓雾。可是在强烈阳光的照射下，一过中午，浓雾就被蒸发得无影无踪，一滴雨也没降下来。形成这种有规律的浓雾，一方面是由于从陆地上升的热空气，碰上了来自太平洋的冷空气；另一方面是由于海水受到来自南极

寒流的秘鲁洋流的影响而温度降低，促使被冷却的空气中的水汽变成了浓雾。

为了"捕雾"，科技人员在圣多佛山顶附近山脊的地表里，打进许多木桩，然后在木桩间挂起了 78 张大网。这些网采用黑色平整的聚丙烯纤维特制而成，网眼极细，既耐热又防水。这种网还能够经受住每秒 30 米的阵风。雾滴黏附在网上后，会沿着网眼落下，集中到塑料水槽里，再沿着管道，经多次过滤后，存于贮水罐里。由雾转化来的水经过杀菌处理，可以供给丘恩贡果村的居民饮用。通过"捕雾"，每天能够平均取水 1 万余升，每户可分得 120 升。在多雾的季节里，每天采水量多达 13 万升。

其实动物早就掌握了这种利用空中水资源的方法。蜘蛛可谓行家，如幽灵蛛所编织的网表面，就被一层吸水性极强的羧酯分子覆盖，可把雾中水滴轻易捕到，幽灵珠靠吸食附在网上的水来补充体内水分。这种蜘蛛总选在太阳出来前张开网，此时湿度最大，利于"捕雾"。

西班牙特内里费岛上，建有一座温室，里面的植物只靠阳光和大海即可很好地生长。因为这座独特的温室能利用阳光、风和大海滋养植物：将潮湿的空气，冷凝于温室的四面墙和屋顶上，而汇集起来的水分，不仅可用于灌溉植物，而且还可以供作他用，比如人畜的饮用、洗涤等。

德国北部不来梅大学研制的一种设备，能从空气中提取饮用水。这种方法尤其适用于没有地下水，而只有海水、咸水或被污染的地下水的地区。这种移动装置的体积为 1 立方米，每天大约可提供 1000 升饮用水。这一装置的核心是一种能够像海绵一样吸收空气中的水分的吸附剂，这种吸附剂根据不同的气候环境，分别可用碳或聚合物制成。有选择地利用吸附剂，可以使这一装置在炎热和寒冷的国家都能发挥作用。

用这一装置取水通常在夜晚进行，因为那时的空气温度比白天低，相对湿度则比白天大。然后可利用日光的照射等方法，使水从吸附剂中蒸发出来，最后，水被凝结在一个凝结器中。在可被作为饮用水之前，还需像生产矿泉水那样，在其中加入矿物质。

美国麻省理工学院的气候学家雷金纳德·纽厄尔发现一种从未见过的水网，有些蜿蜒好几千英里，其水量之大与亚马逊河毫无二致。但是，这些河流不在地面上，而是在距地面6英里①的天空浮动，河水呈水蒸气状态。纽厄尔已把气球测量法和卫星资料结合起来，绘制了精密的水汽流程图。这种天河可见于全球上空，最长的伸展到4000英里，一般宽约150英里，厚仅1英里，每秒流经一定场合的水汽量可达3.5亿磅。天河转瞬即逝，但无论何时，大气中至少有若干条天河存在，半球范围内经常保持在5条左右。纽厄尔认为，充满来自海洋的蒸发水分的两堆气团相撞，因而形成空中河网。边缘上的空气，除上升外没有选择余地，空气因升高而冷却，结果生成含水量饱和的缕缕丝状体，即"天河"。

1998年中科院派专家第7次赴雅鲁藏布江考察，得出肯定的结论：只有雅鲁藏布江下游的大拐弯峡谷，才是当今世界上的峡谷之最。沿布拉马普特拉河及雅鲁藏布江一线，是青藏高原向内地输送水汽的最大通道。由孟加拉湾吹来的暖湿气流，沿着布拉马普特拉河，以接近2000克/厘米·秒的水汽输送量，溯江而上，然后再沿雅鲁藏布江下游溯江北上。大峡谷水汽通道的存在，造就了我国大陆充沛的降水。水汽通道不仅提前了大峡谷地区雨季的到来，而且哺育了季风型温性冰川，庇护了一些古老生物物种，促进了南北生物的交流等。

1999年6月，中国在黄河上游地区，实施了一项"空中水资源"开发计划，以遏制黄河上游水量连年减少的趋势。这项计划采取飞机作业和地面综合作业结合的方式，分年度先后在黄河上游实施了两次大规

---

① 1英里=1.6094米。

雅鲁藏布江大拐弯峡谷

模人工增雨行动，黄河下游地区一共增加了"人工降水"30多亿立方米。

21世纪，人类面临继石油危机之后又一个更为严重的世界范围内的水危机问题。那么，我们在合理地保护、利用传统的地面水资源的同时，是否可以开发空中水资源，向大气要水，科学、有效地控制并捕获空中流动的丰富的"天河"，以造福人类呢？

（原载《气象知识》2000年第3期）

教学中的气象知识

数字帮你认识大气

◎ 王永远

1. 空气虽然无形、透明、无色、无味，人们通常不理会它的存在，但是，在标准状态下，1 立方厘米体积中所包含的空气分子（2.628×10^{19}个）均分给全世界所有的人（40 亿）[1]，每人可分得 62 亿个分子。

2. 空气是有重量的。空气在地球表面每一平方厘米上的压力约有一千克。而地球表面积为 51×10^{7} 平方千米。所以大气的总质量有 5300 万亿吨之多。

3. 假若我们生活在真空环境中，人们的重量将会比在空气中重 1/800。那是因为空气有浮力。

4. 大气的密度是随高度增加而减小的。在靠近地面处，一个分子每移过十万分之一厘米的距离，就和另一个分子相撞；而在 100 千米的高空，这个距离是 10 厘米；在 220 千米的高空则达到 1000 米。

5. 大气层的厚度有 1200 千米。如果整个大气的密度都和地面一样，大气层的厚度只会有 8 千米，那样珠穆朗玛峰将成为大气海洋上的一座岛屿。

6. 高度每增加 19 千米，大气压强将减小到原来的十分之一。条件是温度不随高度变化，但它和复杂的实际情况有些差别。

7. 在对流层大气中（中纬度地区平均厚度 10 ~ 12 千米），气温是

---

①当时数，现今 70 亿，每人可以得 37.5 亿个分子。

随高度的增加而降低的。这是因为对流层大气主要是靠吸收地面的热辐射来维持自己的温度的。在这一层中，一般高度每上升100米气温就要下降0.65℃。

8. 大气中的水汽按容积计算，最多时也不会超过4%，但天气舞台上的大多数剧目，都要由它来担任主角，如云、雨、霜、雪等。水汽之所以如此多才多艺，主要是因为在大气所处的不同条件下，它是能发生气、液、固三态相互变化的唯一气体。

9. 标准云滴在静止空气中每秒只能下降1厘米，从1000多米的高空落下，需要一天多的时间。它还要受到上升气流的阻挡，落到地面的时间更是遥遥无期，在它们到达地面之前，早就被蒸发完了。

10. 尘埃令人讨厌。但细小的尘埃——凝结核却对云雾的形成起着重要的作用。如果空气非常纯净，没有任何杂质，相对湿度即使达到300%~400%也不会发生凝结；而有合适的凝结核时，相对湿度小于100%也会发生凝结。

11. 电离层的电位比地面要高出360000伏特，整个大气的电阻约为200欧姆，随时随地都有1800安培的电流流向地面。若将1800安培的电流在全球均匀分开，地面上每平方千米的面积上仅有3.53微安的电流，连一台小半导体收音机都不能开启。

12. 在臭氧层中，臭氧的浓度虽然只占空气的四百万分之一，但是，由于臭氧吸收太阳紫外辐射的本领特别高强，这样的浓度足以吸收紫外线，从而保护了地球上的生物。

13. 地面辐射要被大气吸收，大气向下的辐射也要被地面吸收，这样就使地面的热量得到一定的补偿。如果没有大气，地表平均温度应为-23℃，而实际上却是15℃，这说明大气层的保暖作用使地表平均温度提高了38℃之多。

14. 在120千米高度上，空气密度已小到声波难以传播的程度，但

它却足以使流星体摩擦而燃烧到白炽的程度。每昼夜闯入地球大气层的6000 吨流星体，绝大多数都是在 85 千米以上的高空中烧毁了。

15. 大气像披在地球表面的一层轻纱。使地面上的生物免受宇宙射线的危害，使地球有一个温暖、舒适的环境，成为太空中难得的一块"绿洲"。

（原载《气象知识》1982 年第 3 期）

诗词中的气象
——漫谈气候与气候带

◎ 蒋国华

唐代著名边塞诗人王之涣的《凉州词》脍炙人口：

凉州词

黄河远上白云间，一片孤城万仞山。

羌笛何须怨杨柳，春风不度玉门关。

——王之涣

诗的大意是：黄河从辽阔的高原奔腾而下，远远望去，好像是从白云中流出来的一般；在高山大河的环抱下，一座地处边塞的孤城巍然屹立。羌笛何必吹起《折杨柳》这种哀伤的调子，埋怨杨柳不发、春光来迟呢？要知道，春风是吹不到玉门关外这苦寒之地的！为什么"春风不度玉门关"呢？这就涉及气候与气候带的知识了。玉门关是古代通往西域的要道，其故址位于甘肃省敦煌市城西北80千米的戈壁滩上（它与酒泉的玉门关是两个地方）。相传"和田玉"经此输入中原，因而得名。它是古"丝绸之路"北路必经的关隘。玉门关一带地处内陆腹地，受高山阻隔，远离温暖潮湿的海洋气流，是典型的干旱性温带大陆性气候。干旱性温带大陆性气候有三个明显的特点：一是干燥少雨，蒸发量

大；二是日照时间长；三是四季分明，冬长于夏，昼夜温差大。如敦煌年均降雨量只有约 40 毫米，年蒸发量却达 2400 毫米以上；每年的日照时数超过 3200 小时；年平均气温为 9.4℃，1 月平均气温为 -9.3℃，7 月平均最高气温为 24.9℃。诗人抓住当地的气候特征，借景抒情，将戍边士兵的怀乡情写得苍凉慷慨，并用"春风不度玉门关"表达了对戍边士兵深深的同情。

对气候差异描述的诗词还有很多，如清代徐兰所作《出居庸关》。

出居庸关

凭山俯海古边州，旆影翻飞见戍楼。

马后桃花马前雪，出关争得不回头。

这是康熙三十五年（公元 1696 年），康熙皇帝统兵亲征噶尔丹时，徐兰随安郡王由居庸关至归化城，随军出塞时所作。居庸关在今北京市昌平区西北。"马后桃花"，意谓关内正当春天，温暖美好；"马前雪"，是说关外犹是冬日，严寒可怖。"桃花"与"雪"，一春一冬，前后所见，产生了强烈的视觉冲突，说明了关内关外气候迥异。

在不同气候带之间温度的差异上，唐诗《鹦鹉》《寒食》作了形象的描述。

鹦 鹉

莫恨雕笼翠羽残，江南地暖陇西寒。

劝君不用分明语，语得分明出转难。

——罗隐

寒 食

二月江南花满枝，他乡寒食远堪悲。

贫居往往无烟火，不独明朝为子推。

——孟云卿

　　"陇西"是指陇山（六盘山南段别称，延伸于陕西、甘肃边境）以西，旧传为鹦鹉产地。诗人在江南见到的这只鹦鹉，已被人剪了翅膀，关进雕花的笼子里，所以用"莫恨雕笼翠羽残，江南地暖陇西寒"这两句话来安慰它：且莫感叹自己被拘囚的命运，江南这个地方毕竟比你老家陇西暖和多了。孟云卿是陕西关西人，天宝年间科场失意后流寓荆州一带，在一个寒食节前夕写下了《寒食》这首绝句。寒食节时，江南正值花满枝头春意融融，而作者的家乡还十分寒冷。作者"独在异乡为异客，每逢佳节倍思亲"，且其时处于穷困潦倒之际，不由悲从心来。陇西与关西同属中温带，江南则属亚热带，一寒一暖，气温差异十分明显。

　　温度之间的差异，一生游历大半个中国的"诗仙"李白感触颇为深刻——"五月天山雪，无花只有寒"（李白《塞下曲》）；"黄鹤楼中吹玉笛，江城五月落梅花"（李白《与史郎中钦听黄鹤楼上吹笛》）。农历五月江城（武汉）正值仲夏，梅花花期将过，而地处西北边塞的天山仍旧积雪覆盖，由此可以看出内地与塞外温度差异之大。我国疆域辽阔，东西差异和南北纬度差异比较大，气候差异明显，形成了各具特色的自然生态环境。广大西北地区降水稀少，气候干燥，冬冷夏热，气温变化显著；长江和黄河中下游地区，雨热同季，四季分明；南部的雷州半岛、海南省、台湾省和云南南部各地，长夏无冬，高温多雨；北部的黑龙江等地区，冬季严寒多雪；西南部的高山峡谷地区，依海拔高度的上升，呈现出从湿热到高寒的多种不同气候。

101

会变魔术的大气

敕勒歌

敕勒川，阴山下，天似穹庐，笼盖四野。

天苍苍，野茫茫，风吹草低见牛羊。

——北朝乐府

这首由鲜卑语译成汉语的《敕勒歌》，是一首敕勒人唱的民歌。敕勒是种族名，活动在今甘肃、内蒙古一带，过着"逐水草而居"的生活。阴山就是大青山，在内蒙古自治区中部。《敕勒歌》通过对大草原自然景色景观的生动描述，歌唱了游牧民族的生活。我国温带草原面积很大，主要在松辽平原、内蒙古高原和黄土高原。温带草原气候是一种大陆性气候，是森林到沙漠的过渡地带。气候呈干旱半干旱状况，土壤水分仅能供草本植物及耐旱作物生长。温带草原气候具有明显的大陆性特征，冬冷夏热，气温年较差大，最热月平均气温在20℃以上，最冷月平均气温在0℃以下；年平均降水量为200~450毫米，集中在夏季，干燥程度逊于沙漠气候。

唐开元二十五年（公元737年）河西节度副大使崔希逸战胜吐蕃，唐玄宗命王维以监察御史的身份出塞宣慰，察访军情。王维途中所作《使至塞上》描绘了塞外辽阔壮丽的沙漠风光。

使至塞上

单车欲问边，属国过居延。征蓬出汉塞，归雁入胡天。

大漠孤烟直，长河落日圆。萧关逢候骑，都护在燕然。

——王维

萧关是古关名，是关中通向塞北的交通要衢，在今宁夏回族自治区固原县东南；燕然在今蒙古人民共和国的杭爱山，这里代指前线。诗中"大漠孤烟直，长河落日圆"将沙漠中的典型景物进行了生动刻画，历来为世人所称道。如《红楼梦》中，曹雪芹借香菱之口说："'大漠孤烟直，长河落日圆'。想来烟如何直？日自然是圆的。这'直'字似无理，'圆'字似太俗。合上书一想，倒像是见了这景似的。要说再找两个字换这两个，竟再找不出来。"

塔里木盆地属温带沙漠气候。该气候区冬长夏短，气候极端干旱，降雨稀少，年平均降雨量200～300毫米，有的地方甚至更少或多年无降水。如盛产葡萄干和哈密瓜的吐鲁番，年均雨日只有15天，年降水量仅为16.4毫米。夏季炎热，白昼最高气温可达50℃或其以上。《西游记》中孙悟空向铁扇公主借芭蕉扇煽灭火焰山的熊熊大火虽属虚构，但火焰山的确有，就在当年唐僧取经路过的新疆吐鲁番盆地的北缘，现在已开发成为旅游景点。笔者于2010年8月27日慕名前往，当时已是下午6点多，但竖立的巨型温度表显示，地面温度居然还有47.5℃！沙漠和草原，分布在我国的内陆，属非季风区。

江南处季风区，自然景观又是另外一番景象。

望海潮

东南形胜，三吴都会，钱塘自古繁华。

烟柳画桥，风帘翠幕，参差十万人家。

云树绕堤沙。怒涛卷霜雪，天堑无涯。

市列珠玑，户盈罗绮，竞豪奢。

重湖叠清嘉，有三秋桂子，十里荷花。

羌管弄晴，菱歌泛夜，嬉嬉钓叟莲娃。

千骑拥高牙。乘醉听箫鼓，吟赏烟霞。

异日图将好景，归去凤池夸。

——柳永

　　钱塘（今浙江杭州市），从唐代开始便已十分繁华，到了宋代又有进一步的发展。柳永在这首词里，以生动的笔墨，把杭州描绘得富丽非凡。西湖的美景，钱塘江潮水的壮观，杭州市区的繁华富庶，当地上层人物的享乐，下层人民的劳动生活，都一一注于词人的笔下，涂写出一幅幅优美壮丽、生动活泼的画面。相传金主完颜亮听唱"三秋桂子，十里荷花"以后，便羡慕钱塘的繁华，从而更加强了他侵吞南宋的野心。说完颜亮因受一首词的影响而萌发南侵之心，虽不足信，但"上有天堂，下有苏杭"的说法由来已久，"钱塘自古繁华"也并非溢美之词。

　　描写江南美景的诗词不计其数，也不乏传诵千古的名篇，晚唐时期著名诗人杜牧所作《江南春》绝句当为翘楚。

江南春

千里莺啼绿映红，水村山郭酒旗风。

南朝四百八十寺，多少楼台烟雨中。

——杜牧

　　柳永词着眼杭州，精堆细砌；杜牧诗放眼千里，凝练自然，都将江南美景描绘得呼之欲出。人人尽说江南好，难怪南朝诗人谢朓《入朝曲》有"江南佳丽地，金陵帝王洲"之说。江南为何如此风光秀丽、富庶繁华？应该说与江南一带的气候有着十分密切的关系。江南一带属亚热带季风气候，其主要气候特点是：冬温夏热，四季分明，降水丰沛，季节分配均匀。相对我国北部地区的温带大陆性气候而言，江南气候温暖、降水充沛；相对我国南部地区（这里指海南及南海诸岛、台湾南部、云南南部）的热带地区而言，则四季分明且分配均匀，高温炎热的夏季没有那么漫长。

"请到天涯海角来，这里四季春常在……八月来了花正香，十月来了花不败……"20世纪80年代，一首《请到天涯海角来》，唱得国人对海南心驰神往。但在古代，海南虽然照样一年四季鸟语花香，但并不见得"宜人"，也并不怎么令人向往，那里是"南荒"之地，是封建帝王贬谪臣子之地。宋绍圣四年（公元1097年），苏东坡在62岁高龄时被贬谪海南儋州。在谪居海南岛的3年时间里，苏东坡在海南传播中原文化，开启民智，并写下了170多首诗词。这些诗词，有些展现了天涯海角的奇异风光，有些描述了当地的自然景观，有些则反映了当地汉黎百姓的生活。3年后贬归，北渡琼州海峡当晚，写下《六月二十日夜渡海》一诗，回顾了在海南这一段九死一生的经历。

六月二十日夜渡海

参横斗转欲三更，苦雨终风也解晴。

云散月明谁点缀？天容海色本澄清。

空余鲁叟乘桴意，粗识轩辕奏乐声。

九死南荒吾不恨，兹游奇绝冠平生。

——苏东坡

"九死南荒吾不恨，兹游奇绝冠平生。"虽是九死一生，但苏东坡并不悔恨，在他看来，这次被贬海南，见闻奇绝，是平生所不曾有过的，是一生中挺有意义的一段经历。但为什么苏东坡说海南是南荒之地呢？古代把远离中原政治、文化、经济的南方广大地区称为蛮夷之地。海南远离中原，且地处热带，四面环海，为典型的热带季风气候。气候高温（年平均气温在22～26℃之间，最冷月1月的平均气温在16℃以

上）潮湿多雨（年均降水量为 1500～2000 毫米），四处都是毒虫和瘴气（古代指南方山林间湿热蒸郁致人疾病的气体），"海外炎荒，非人所居"，这种炎热多雨的气候，北方人多不习惯。如今的海南自是不可同日而语，充足的热量资源使海南四季温暖，草木不凋，花果飘香，成为全国最大的热带作物基地、冬季果菜基地和全国著名的冬泳、避寒度假旅游区。海角天涯、鹿回头、椰林、海浪、白帆、博鳌亚洲论坛、国际旅游岛，实在是令人流连忘返。

我国还有比较特殊的一类气候——高山峡谷气候。1935 年 10 月，毛泽东主席满怀豪情写下了气壮山河的《七律·长征》。

七律·长征

红军不怕远征难，万水千山只等闲。

五岭逶迤腾细浪，乌蒙磅礴走泥丸。

金沙水拍云崖暖，大渡桥横铁索寒。

更喜岷山千里雪，三军过后尽开颜。

——毛泽东

红军长征在四川走过的地方属川西高原，现大渡河边、夹金山脊、大雪山、千里岷山、红原草地都留下了不少红军长征遗迹。川西高原为青藏高原东南缘和横断山脉的一部分，海拔从数百米到数千米，地势起伏大。高原上群山争雄、江河奔腾，且由于其特殊的地理位置，形成了独特的高山峡谷气候，从河谷到山脊依次出现亚热带、暖温带、中温带、寒温带、亚寒带和寒带。如大渡河谷，海拔 1000 米左右，植被为亚热带常绿阔叶林，属亚热带；夹金山、大雪山、岷山，海拔 4000 米以上，气候寒冷，山顶终年积雪，为寒带；红原草地为川西北若尔盖地区的高原湿地，海拔 3400～3800 米，植被主要是藏嵩草、乌拉苔草、海韭菜等，形成草甸，状同草地，为亚寒带。

此外，我国还有高寒气候和热带雨林气候等多种具体气候。青藏高原平均海拔 4500 米，有"世界屋脊"之称，年平均气温低是其主要气候特征，属高寒气候。这里不但有高山草原与草甸生态系统，还兼有沙漠、湿地及多种森林类型自然生态系统。热带雨林气候以云南的西双版纳为代表，优越的地理区位和气候使这里保留了丰富的生物物种资源，被誉为"动物王国""植物王国"和"物种基因库"。

诗词中关于气候方面的描写还有许多，有兴趣的朋友可以一探幽径。

（原载《气象知识》2010 年第 6 期）

巧用古诗词为气候教学增趣

◎王 伟 殷 鹏 殷 虎

在中学地理课堂教学中，若能合理引用古诗词讲授气候方面的内容，不仅能使课堂增添美的韵味，创造隽永的意境；同时能活跃课堂气氛，激发学生学习兴趣；还可增强教学效果，深化气象知识教学。这里略举数例，介绍如何恰当引用诗词进入气候教学之中。

变幻多姿的大气现象

在讲到水汽对太阳辐射的反射与折射作用时，可引用唐代诗人雍陶的"晚虹斜日塞天昏，一半山川带雨痕"。夏季的雨后，乌云飞散，天空中常常出现彩虹，虹是阳光照射到空气中的水滴发生反射与折射的结果。在下雨时或雨后，空气中充满着无数个微小的能偏折日光的水滴，它们不仅改变了光的方向，同时将阳光分解成红、橙、黄、绿、蓝、靛、紫彩色光。如果角度适宜就在空中形成了我们所看到的虹。

在讲大气的保温作用时，则可引用唐代诗人李商隐的"秋阴不散霜飞晚，留得枯荷听雨声"。这两句诗说明了秋阴不散的多云天气，因夜间云层愈厚、大气逆辐射作用愈强，地面辐射损失的热量就能获得较多的补偿，故夜间降温较晴天慢得多，不易产生0℃以下的气温。这就是秋季多云的夜晚不易形成霜冻的科学道理。而连续的阴天除使霜冻来得晚外，还会导致降水天气。诗人有声有色地描写了秋阴不散的两种结果。

湿润多雨的江南水乡

在进行准静止锋教学时，可引入赵师秀的"黄梅时节家家雨，青草池塘处处蛙"。我国长江中下游和日本一带一般在 6 月中旬出现阴雨连绵天气。此时正值梅子黄熟季节，夏季风前缘的锋面雨带推移到江淮地区，这时北方的冷空气势力虽已减弱，但仍可影响到江淮地区。两种气流在这里交锋，由于它们势均力敌，相持不下，形成准静止锋而产生连续性降水，雨带长时间徘徊在长江中下游一带，被称为梅雨天气。即诗中的"黄梅时节家家雨"。

另外，唐朝杜牧的"清明时节雨纷纷，路上行人欲断魂。借问酒家何处有，牧童遥指杏花村"。这首诗也可用于准静止锋教学。关于这首诗的作者说法不一，诗中的杏花村地址说法也不一，但有好几本书认为此诗作者是杜牧。杏花村有两种说法，其中一种认为是在山西，另一种则认为在安徽贵池。笔者认为，后者较为妥当。清明时节为阳历 4 月 5 日前后，此时山西一带正值春旱，可谓"春雨贵如油"，不易下雨。而江南丘陵一带此时正受准静止锋影响，多春雨。贵池处于长江南岸，"清明时节雨纷纷"倒在情理之中。

干冷多风的西北高原

在讲解夏季风时，可引用王之涣的"羌笛何须怨杨柳，春风不度玉

门关"。"春风不度玉门关"的诗句曾两次出现在地理高考试题中，问春风指的是什么？这里春风当指夏季风。夏季风影响的范围是在大兴安岭—阴山—贺兰山—巴颜喀拉山—冈底斯山一线以东以南地区。玉门关在贺兰山以西的非季风区。来自太平洋的夏季风为东部沿海带来丰沛的降水。但经过长途跋涉到了这里已成强弩之末，难怪"春风不度玉门关"。西羌（河西走廊）一带降水稀少，沙漠、戈壁广布，杨柳无法在那里安家。

在讲冬季风时，可引用唐朝诗人岑参的"北风卷地白草折，胡天八月即飞雪。忽如一夜春风来，千树万树梨花开"。这几句诗告诉我们，北方由于纬度与海拔较高，临近冬季风的源地，冬季风影响早，且降温幅度大。反映了"胡天"冬长严寒的气候特征。农历八月即阳历的九、十月份，此时我国的南方还是秋高气爽的季节，而这里已是"千里冰封，万里雪飘"的北国风光。诗人比喻它犹如一夜春风，吹开了千万棵白色的梨花。

在讲西北地区气候干旱多风沙的气候特征时，可引用岑参的"君不见走马川行雪海边，平沙莽莽黄入天，轮台九月风夜吼，一川碎石大如斗，随风满地石乱走"。新疆一带夏季风影响不到，雨水稀少，沙漠广布，山麓砾石到处可见。由于这里临近冬季风的源地，受冬季风影响很大。9月的轮台狂风在夜间呼啸着，飞沙走石。西北地区不仅冬季风风力强劲，而且寒潮经过的次数也多，可见那里的气候条件是相当严酷的。

春旱频繁的华北平原

在进行黄河中下游地区春旱内容教学时，可引用白居易的"三月无雨旱风起，麦苗不秀多黄死。九月霜降秋早寒，禾穗未熟皆青乾"。或"麦死春不雨，禾损秋早霜"。春季因黄河中下游气温回升快，加之春天多风蒸发较强，而南方夏季风前缘雨带尚未移到本区，春旱相当严重。此外也要告诉学生，这里也是一年一度秋风劲，冬季来得快，有的年份还会遭受早霜的危害，对晚秋作物生产有不利影响。

气候多样的高山峻岭

当讲到气温随海拔高度增加而递减反映在山区物候的垂直差异的内容时，可引用白居易的"人间四月芳菲尽，山寺桃花始盛开"。通常海拔高度每升高100米，气温下降0.6℃。庐山大林寺海拔高度在1100～1200米间，庐山因长江与鄱阳湖水域影响气温递减率略低，平均为每100米下降0.5℃。它比"人间"（九江市的平地）气温低5.5～6℃，因此，桃花开放的时间要落后二三十天。

在讲地形坡向对降水的影响时，可引用刘禹锡的"东边日出西边雨，道是无晴却有晴"。刘禹锡在四川做刺史时，他对山中的"一山有四季，十里不同天"的自然现象有着深切的感受。山地的迎风坡抬升了迎坡爬升的气流，气流在上升的过程中容易变冷凝结而形成地形雨，而在山的背风坡气流下沉，不断增温，不易凝结降水而形成无雨区。在山的两侧就会形成晴雨不同的鲜明对比。这种"东边日出西边雨"的现象在平原地区的对流性降水天气中虽也能看到，但不如山区多见。这里还需指出，山区除具有地形雨外，同时也有雷阵雨等天气，更增加了"东边日出西边雨"的频率。当夏季由于山坡南北增温情况不同或由于谷底与山坡比峡谷上部空气增温快，会产生局部热力对流，形成雷阵雨现象。刘禹锡以其亲身经历写下了"清晨登天坛，半路逢阴晦。疾行穿

雨过，却立视云背，白日照其上，风雷走于内……豁然重昏敛，涣若春冰溃……"诗人把在山顶俯视山侧雷阵雨发生与消散的情景以及山上晴朗山下雨的现象描述得活灵活现。

夜雨浓浓的西南山地

在讲西南多夜雨时，可引用李商隐的"君问归期未有期，巴山夜雨涨秋池"。云、贵、川三省夜雨频率较高，四川盆地尤多，其主要原因是由于盆地内空气潮湿，天空多云。白天由于云层反射太阳辐射，云下不易增温，对流不易发展。夜间云层上部冷却快，而云层下部大气逆辐射强有保温作用故温度较高。云层上下温差较大，使大气产生对流运动，容易产生降水，所以夜雨比较多。

（原载《气象知识》1997 年第 2 期）

竺可桢对古诗的订正

◎ 王　涛　戴爱国

为我国近代气象学做出杰出贡献的竺可桢同志，不但在天气、气候和物候学方面有较深的造诣，而且还以广博的气象知识，论证了不少有价值的史料，以下介绍事例两则。

黄河无须上白云

王之涣为盛唐著名诗人，写了一首《凉州词》，曰："黄沙直上白云间，一片孤城万仞山。羌笛何须怨杨柳，春风不度玉门关。"比较真实确切地反映了凉州以西至玉门关的地理环境和气候状况。说明玉门关一带，气候寒冷，春天迟来，草木晚生。内地已是春意盎然，百花争艳，柳色青青，而那里却是北风怒号，黄沙满天，直上云霄，连柳树的影子也不见。至此，诗人笔锋一转，油然而生感慨：羌笛啊，你何必去埋怨杨柳呢，你应该知道，春风是到不了玉门关的。我们先避开其政治上的影射，单从自然的角度理解，这诗句是多么高雅，这语意是多么贴切。这种意境，在王昌龄的《从军行》："青海长云暗雪山，孤城遥望玉门关。黄沙百战穿金甲，不破楼兰终不还！"中也可以印证。

但是，后来不知何时何人，竟把第一句"黄沙直上白云间"改成

了"黄河远上白云间"，而且将错就错，世代相传，书店流行的唐诗选本，都是谬误之诗。竺可桢在研究物候过程中，发现了这一错误，指出："实际黄河和凉州以及玉门关谈不上什么关系，这样一改，便使这句诗与河西走廊的地理和物候两不对头。"通过论证，把传统性的错误纠正了过来，还了诗句的真面目：黄沙直上白云间……

如此一改，其诗意和实际不是更吻合了吗？仔细想来："黄河远上"怎么与后面的白云、孤城、杨柳、春风联系在一起呢？多么牵强附会，生硬别扭。只有"黄沙直上"，才能与"白云"、"孤城"相连贯，也才能事出有因，和其后的"气象"发生联系，引出"怨杨柳"和"春风不度"的感叹。何等妙哉！

孰言蓉忠不荔红

唐朝诗人张籍作的《成都曲》中说："锦江近西烟水绿，新雨山头荔枝熟。"描绘了唐朝时四川成都荔枝成熟时的景色。隔了三百多年，南宋诗人陆游对张籍这首《成都曲》提出质疑，他以为张籍没有到过成都，理由是成都不产荔枝，因而这首诗是杜撰的。他引北宋文学家苏东坡的诗："蜀中荔枝出嘉州，其余及眉半有不。"并解释说，根据苏东坡的诗意，成都之南的彭山已无荔枝，何况成都呢？

而竺可桢发现和张籍同时代的诗人白居易，在四川东部的忠州（今忠县）也写了不少有关荔枝的诗，有一首《种荔枝》诗写道："红颗珍珠诚可爱，白须太守亦可痴。十年结子知谁在，自向庭中种荔枝。"

竺可桢研究之后认为，不能根据南宋时成都不生产荔枝，便推断唐朝时成都也不出产荔枝。成都和忠州都在北纬31°附近，当时白居易在忠州"自向庭中种荔枝",张籍在成都看到"新雨山头荔枝熟",都是真实的。因为从公元 600 年到公元 960 年,我国正处于气候温暖时期,这在我国是隋唐和五代时期。北宋时的气候比唐代冷,南宋时则更进一步变冷。竺老以丰富渊博的气候知识,查证了古诗之疑,阐明了古今物候之差异。

(原载《气象知识》1984 年第 1 期)

会变魔术的大气

《三国演义》故事与中学气象知识教学

◎ 殷 虎

联系脍炙人口的《三国演义》故事，来配合中学教材中的气象知识教学，可以使学生趣味盎然，令课堂生辉，提高授课效果。下面就如何利用"故事"与教材中的气象知识对应联系，列举数例，以飨读者。

草船借箭与水汽凝结 赤壁鏖兵之时，正值隆冬。冬季的夜间地面温度下降速度快，导致近地面的空气饱和水汽压下降也快，空气容纳水汽量容易达到饱和状态，多余的水汽就会不断地凝结出来，形成小水珠；而且冬季夜长，冷却凝结作用持续时间也长；加之长江低空空气水汽含量充沛；再则两岸大军云集，操练兵马时尘埃增多，空气中凝结核也多。一旦出现无云风小的天气，便是形成大雾的极好机会。可以想知，赤壁古战场当时雾天不会少见。罗贯中笔下的孔明既能准确预测，又能巧妙利用雾天这一气象条件，赚得曹营十万支箭矢，避免了周瑜的蓄意加害。

借东风与反气旋（或冬季风） 赤壁之战前夕，黄盖的苦肉计、庞统的连环计得以实现后，为以弱胜强的火攻战略奠定了基础。当周瑜登高北望正有所得意之时，忽然间狂风大作，只见旗飘东南，他猛然意识到：火攻还差顺风这一关键条件。他一下子急出病来。孔明前来探病，并带来"良方"，愿"借"东南风给周瑜破敌。时值隆冬农历十一月二十日，长江中下游此时盛行西北风，极少刮东南风，难怪周瑜万分焦急。而孔明却胸有成竹，他深知寒潮侵袭的第三天必有东南风。至于

"祭风"，不过是孔明故弄玄虚欲行金蝉脱壳之计罢了。那么孔明是怎么知道有东南风的呢？现代气象学认为，冬季我国大部分地区受来自西伯利亚蒙古的冷空气南下袭击，这种冷空气往往形成一个比周围气压要高的闭合的高压中心即反气旋。它的前部盛行着偏北气流，而它的后部盛行着偏南气流。当冷高压（反气旋）移到海上时，其西部盛行的东南风就会影响长江中下游地区。由此可见，东南风并非孔明借来，乃是反气旋东移入海的产物。只不过孔明善于细心观察，熟悉当地天气特点，作出准确预报罢了。

冷冻筑寨与冷锋天气　马超为报杀父之仇，挥师东进。曹操驱兵渭北与马超对峙。因寨棚未立，屡败于马超，曹军取渭河沙土筑寨，随筑随塌无法筑成，曹操忧心如焚。此时有隐士献策："连日阴云布台，朔风一起必大冻矣，风起之后，驱兵士运土泼水，以及天明，土城已就。"曹操依计而行，一夜之间曹营寨棚果然筑成。第二天马超及部下看到后大为震惊。那么这种骤冷天气是怎样产生的呢？其时值农历九月尽，多冷锋天气。锋面过境时暖气团被抬升，阴云密布，气压梯度加大，出现大风天气，使气温迅速下降，冷锋过境后，该地被冷气团占据，气温进一步下降，天气骤冷。曹操正是利用了这种天气变化，筑成寨棚，稳定了军心，鼓舞了士气，击溃了马超。

水淹七军与锋面雨　刘备登汉中王之位后，命关羽取樊城，关羽首先攻占襄阳。曹操闻讯派于禁率军去解樊城之危。初次交锋关羽中箭负伤，正愁无破敌之策，见于禁驻军罾口川山谷之内。此时正值农历八月的深秋，骤雨数日，襄江之水泛涨。关羽心生一计，令士兵堵住各处水口，利用大雨之夜，以水代兵，放水一淹，于禁七军全军覆没。此雨何来？秋季，陇南、陕南、鄂西、湘西、四川、贵州大部分地区因地形起伏，既延缓了暖气团的南撤，又减慢了北方冷气团的南下，使冷锋在上述一些地区滞留，形成持续较长的锋面雨天气。关云长就是利用了鄂西

的这种秋雨连绵天气，抓住战机，建立了水淹七军的赫赫战功。

此外，孔明仅用 1000 兵退去 40 万大军也正是利用锋面雨天气。蜀建兴八年秋农历七月，曹真和司马率兵 40 万来取汉中，孔明遂派张嶷、王平领 1000 兵去守陈仓古道，二人哀告："丞相欲杀某二人，就此请杀，只不敢去。"孔明笑曰："吾夜观天象，此月必有大雨淋漓，魏兵安敢入山险之地。"不出其所料，未及半月，大雨连降 30 日。魏兵死者无数，马无草料，只好退兵还朝。

火烧连营与伏旱天气 刘备为报关羽被杀之仇，亲统大兵伐吴，攻城夺地，气势凌厉。吴新任都督陆逊为避其锋芒坚守不出，伺机反击。转眼已是农历六月，梅雨天气过后，锋面北移，长江中下游受单一的暖气团控制，在副高控制下形成炎热干燥的伏旱天气。蜀兵耐不得暑热，撤尽山谷中伏兵，在树荫浓密处避暑。树栅连营，纵横 700 里，全靠山林下寨，想待秋凉决战。陆逊觉得此时多晴燥天气，用火攻蜀军的战机已趋成熟。吴兵乘风猛之夜，四处顺风放火烧山，直杀得刘备 70 万大军尸横遍野，幸存者落荒而逃，心胆俱裂。这一战例还可作为战争破坏天然森林的历史例证在教学中列举。并可指出，长江中下游一带目前只有人工林与次生林，而无天然森林这一状况与当年陆逊的火烧连营不无关系。

火烧葫芦谷与对流雨 孔明在"六出祁山"中，曾用诱敌深入之计，骗司马懿父子入葫芦谷内，遍山点火，欲将魏兵全部烧死。司马氏父子自度难逃此厄，抱头痛哭，以为定死无疑。不料天降大雨，司马氏死里逃生，孔明叹曰："谋事在人，成事在天，不可强也。"殊不知这场大雨正是孔明自己之"谋"造成的。其时正值夏季，空气湿度大，腾腾大火破坏了山谷风的环流形势，近地面空气因强烈增热迅速膨胀上升，湿热的空气在急剧上升中迅速变冷凝结，形成对流雨，倾盆大雨顿时浇灭了这场熊熊大火。这是孔明始料不及的，其中的科学道理对当时的他来讲也是不可能明白的。

　　笔者觉得，在运用上述例子教学时，首先要注意科学性。分析要准确合理，恰到好处。其次是要言简意赅。故事情节不必大肆渲染，以防喧宾夺主。此外，也要对学生说明，《三国演义》中的故事，有些情节虽是作者杜撰，并非史实，个别地方的描述也不尽合理。但作者罗贯中对气象知识的深厚造诣，是令现代人钦佩的。

　　　　　　　　　　　　　（原载《气象知识》1996 年第 2 期）

从邮票中了解气象知识

◎ 吴忠义

　　新中国成立以来，邮电部共发行两套气象邮票，另外，还有 5 枚与气象有关的邮票。第一套气象邮票是 1958 年发行的特 24 《气象》共三枚，表现了古气象仪、气象观测、气象服务等画面。第一枚邮票的主图是我国古代杰出的科学家张衡于公元 132 年发明制造的风向器"相风铜乌"。这种铜乌安装在一个几丈长的高杆上，可以随风转动。目前，在我国气象台站用来测量风向用的风向标，如瑞士发行的风向标气象邮票，其测风原理和"相风铜乌"一样。西方国家直到 12 世纪才在屋顶上安装了和"相风铜乌"原理相似的"候风鸡"，比中国晚 1000 多年，如芬兰和瑞士发行的"候风鸡"气象邮票。

　　我国历来对雨量的观测十分重视。甲骨文中不但有多种雨的区别

记载，还注意雨的来向。气象上把一定时间内从空中降落到水平地面上的液体或融化后的固体降水物在不流失、不渗透、不蒸发的情况下，所具有的垂直高度称为降水量，以毫米为单位。降水量用雨量器测量。邮电部 1959 年发行的《中国少先队建队十周年》邮票中的第 4 枚图案，就是少先队员用雨量器测量降雨量的情景。雨量器也是我国首先发明使用的，早在 500 年前的明朝洪武年间就有了雨量器，是由朝廷统一颁发的，并令全国各州、县的负责官员按月向朝廷上报雨量多少，现在故宫里还保留有许多明、清两代各地上报雨量的奏折。而西方国家直到 1693 年才有人提出使用雨量器的想法，比我国大约要晚三四百年。

走进气象台站的观测场，通常最令人瞩目的就是那白色百叶箱。这个上有顶盖、下有底、四周有百叶的小箱子的作用，就是使箱内的温度表和其他仪器不受风吹、日晒、雹打、雨淋，并为这些仪器提供特定的测定环境，而气象观测人员就是通过百叶箱里的仪器来测量每日的温度、湿度的。1960 年，我国发行的《全国农业展览馆》邮票中，第 2 枚的画面就是百叶箱。1979 年发行的《从小爱科学》邮票中的第 5 枚表现的是少先队员正在百叶箱前测量气温。

气象台站除在地面要观测风、降水、气温、日照、蒸发、湿度等气象要素外，高空观测还通过每日两次施放携带气象仪器的探空气球，测量地面至高空不同高度层的高空风、气压、温度等高空气象要素，如缅甸发行的携带气象仪器的探空气球气象邮票。另外，还有由 3、5、10 厘米不同波长的气象雷达组成的雷达监测网，探测雷雨、台风等天气系统的发生发展，如摩洛哥发行的气象雷达邮票。我国的第 2 套气象邮票是 1978 年发行的《气象》邮票共 5 枚，表现了气球探空、气象雷达、天气预报、气象哨和人工消雹的画面。

会变魔术的大气

气象卫星是20世纪60年代崛起的探测设施。卫星云图能更直观地看到台风等大范围天气系统的动态。预报人员只要坐在微机荧光屏前，便可形象地看到大气运动的彩色图像及各种天气系统下强天气现象的时间演变和空间分布，及时准确地作出短时灾害性天气预报。马尔代夫和埃塞俄比亚发行了以气象卫星为画面的气象邮票。

为了加强国际气象合作，早在1873年就出现了一种非官方的"国际气象组织"（英文缩写IMO）。1950年3月23日，国际气象组织转为政府间的机构，并正式改名"世界气象组织"（英文缩写WMO）。同年12月，成为联合国下属的一个专门机构，总部设在瑞士的日内瓦。1960年WMO执委会第20届会议决定，把每年的3月23日这一天定为"世界气象日"。为了纪念这个日子，并宣传气象工作在国民经济中的重要作用，自1960年以来，世界上不少国家都在这一天发行纪念邮票，其中在1973年发行气象邮票的国家最多，这一年是世界气象组织成立100周年。在这些邮票上都印有世界气象组织的标志，标志上写有1873—1973，IMO—WMO（国际气象组织—世界气象组织）。在1973年发行气象邮票的国家和地区有：伊朗、突尼斯、格林纳达、德国、摩洛哥、埃塞俄比亚、卡塔尔、澳门、刚果、马尔代夫、加纳、尼日尔、象牙海岸、马里、瑞典、南非、乍得、古巴、阿联酋等。

除了纪念国际气象合作，有些国家还发行邮票来纪念本国气象科研的重大成就，如气象站的落成、著名的气象学家以及重大气象科学考察等。1965 年，日本为富士山高山气象站落成完工而发行纪念邮票一枚。1991 年，我国邮电部为纪念南极条约延生 30 周年，发行了一枚标有我国南极长城站和中山站的气象邮票。1988 年邮电部发行的《中国现代科学家第一组》中的第 2 枚邮票，就是我国著名的气象学家竺可桢先生的正面像。前苏联 1965 年发行了南极气象考察邮票。

气象条件对人类的日常生活和国民经济建设有着密切的关系。1973 年，卡塔尔发行了一套以气象与海上、陆地、空中运输服务为主题的气象邮票 3 枚。阿联酋也发行了一套 4 枚的以气象与经济建设为主题的邮票。

国外发行的气象专题邮票，大多数离不开气象仪器、探空气球、气象卫星、天气图等内容。例如，德国发行过一枚以天气图为题材的气象邮票，联合国发行过一套两枚以探空气球为主题的气象邮票。格林纳达发行的气象邮票上既有神话中的太阳神和海神，又有现代化的气象仪器，给人充分的想象余地。

（原载《气象知识》1998 年第 2 期）

漫谈气象上的"度"

◎ 曾强吾　李报国

在知识的海洋里真可谓之五彩缤纷，"度"就是其中的一个例子。气象科学领域里用"度"作标记的就有不少，而且各具千秋。现就常见的几个"度"介绍如下：

温度

温度表上的"度"是用来观测物体的冷热程度的一个物理量。在摄氏温标中，水的冰点为零摄氏度，记作0℃；在海平面，水的沸点为100摄氏度，记作100℃。

风向

把一圆周分为360度，记作360°，它是量弧或量角的单位，一度弧所对应的圆心角叫一度角，记作1°。这虽说是几何上的"度"，可在地理学上是用来定物体的方位的。又因风向是有方向的量，所以气象学上的风向用这个度来表示风的来向。风向一般用八个方位或十六个方位。

当风向 90°时，就是风从正东方吹来，为东风；180°为南风；270°为西风；360°为北风等。

纬度

我们通常所说的纬度，是指地理纬度。也就是某一地与地心的连线同赤道平面的夹角。通常是用度、分、秒表示。不同的纬度可以反映气候的差异，纬度越高，太阳高度角越小，大气得到的热量就越少，气温就低，也就越寒冷。

涡度

我们都有这样的生活经验，江河的流水常常有大大小小的旋涡，有的顺时针转，有的逆时针转。在大气中也有类似的旋涡，如气旋、反气旋。在北半球，气旋是气流作逆时针旋转的旋涡；反气旋是气流作顺时针旋转的旋涡。

在天气图上，用来表示这种旋转运动的物理量便是涡度。它告诉我们空气旋转的程度，涡度是一个向量。

大陆度

在气候分类上，常采用大陆性气候和海洋性气候这些词语。这两类不同气候的划分，就是根据大陆度来区别的。大陆度大于 50% 为大陆

性气候，小于 50% 为海洋性气候。可见，大陆度越大，气温的年较差也越大，距海洋越远。

 湿润度

它是划分气候类型的依据之一。湿润度是降水量与可能蒸发量之比。它反映了一地的水分收入和支出的多少情况，表示气候的湿润程度。比如，有些学者把湿润度大于 1 定义为湿润地区，0.6～1 为半湿润地区，0.3～0.6 为半干旱地区，0.13～0.3 为干旱地区，小于 0.13 为极干旱地区。了解一地的湿润度，对发展农业生产是有利的。

（原载《气象知识》1984 年第 2 期）

"东西南北"的由来及含义

◎ 张伯忍

　　我国古代的人们，在长期的生活和劳作的过程中，逐步积累了辨认方向的知识，随之创造了"东西南北"四个方位字。

　　东：其字形为日在木中，含义为旭日初升，旭日初生的地方就是东方；也解释为太阳出来的一边；它跟西方相对，古人以东方为主位。习惯上把东风指为春风。有人用"东风压倒西风"比喻日益兴旺的强势力。

　　西：其字形为鸟在巢上，即太阳西沉而鸟归巢栖息。"鸟归巢"就演义为方位字"西"。也解释为太阳落下去的一边；它跟东相对，古人以西方为宾位。习惯上把西风指为秋风。有人用"夕阳西下"，比喻日趋没落的颓废势力。

　　南：其字形外框是"木"字的变形，里面的指方向。即草木接纳来自南方的充足阳光，就生育得枝繁叶茂。所以，向阳处就是南方。也解释为早晨面向太阳时，右手的一边。它跟北方相对，古人以面南而坐为尊位。习惯上把南风指为暖风。

　　北：古人常把北字写成二人相背。我们的祖先世代居住在北半球，为了更多地采集阳光，居室多为坐北朝南，背面就是北面，"背"也就演绎成了北方的"北"字。也解释为早晨面向太阳时左手的一边。古人以面朝北坐为卑位，北跟南相对。习惯上把北风指为寒风。

　　气象学规定：风向指风的来向，并采用 16 方位法表示。即在东

（E）、西（W）、南（S）、北（N）四个象限内，再分别增加东北（NE）、东南（SE）、西北（NW）、西南（SW）以及北东北（NNE）、东东北（ENE）、南东南（SSE）、东东南（ESE）、南西南（SSW）、西西南（WSW）、西西北（WNW）、北西北（NNW）12 个方位，合计 16 个方位即 16 个风向。

此外，人们常说的买东西这个词儿，其中还有一段有趣的故事哩。

传说，我国古代南宋有一位著名的理学家朱熹，某日上街巧遇挚友盛渔如，朱见盛手中提着菜篮子，便随口问道："您干啥去呀？"盛答道："买东西。"朱又戏问："您咋不说买南北呢？"盛乃根据"五行学说"中"金、木、水、火、土"与"东、西、南、北、中"相配伍的道理，解释说："东方属木，西方属金，木与金菜篮子都装得下；而南方属火，北方属水，火与水菜篮子是装不得的。"从此以后，人们便只说买东西，而无人说买南北了。

（原载《气象知识》1996 年第 3 期）

诗文中的气象知识

风嵌古诗情景浓

◎ 俞福达

风作为一种自然现象，不仅具有气象学上的概念，与人们的生产生活息息相关，也在我国古代诗歌中被广泛描绘，被赋予了许多特殊的含义，诗情画意油然汇于风中。

早在先秦时期，《诗经》就将《风》与《雅》《颂》列为诗歌总集的三大类之一，这里的"风"就不再是自然的风，而是采风，是当时15国民歌的汇总。通观我国古代的诗歌，将风用来抒发对自然景物的赞美和作者心绪感怀的，可谓不胜枚举，光彩流溢。

通过对各种风的表述，以显示不同的诗的意境，在古诗中历历可觅，触手可及。如表现风的程度的："烈风西北来，万窍号高秋"（文天祥《发恽州喜晴》）、"厉风荡原隰，浮云蔽昊天"（张华《游猎篇》）、"人间物类无可比，奔车轮缓旋风迟"（元稹《胡旋女》）、"晚来江门灭大木，猛风中夜吹白屋"（杜甫《后苦寒行》）、"海神来过恶风回，浪打天门石壁开"（李白《横江词》）、"状似明月泛云河，体如轻风动流波"（刘烁《白伫曲》）、"十月晴江月，微风夜来寒"（旋闻章《江月》）等诗句中的"厉风""旋风""猛风""恶风""轻风""微风"，将风的各种程度描述得明晰可触。如表现风的情感的："高树多悲风，海水扬其波"（曹植《野田黄雀行》）中的"悲风"、"愁云怒风相追逐，青山灭没沧江覆"（王安石《阴漫漫行》）中的"怒风"、"日暮兮不来，凄风吹我襟"（繁钦《定情诗》）中的"凄风"、"捧玩烦袂涤，啸歌美风生"（皎然《苦热行》）中的"美风"等，以拟人的笔法,赋予了风多种情感。如表现风的景物的:"腥鲜龙气连清防,花风漾漾吹细光"(温庭筠《太液池歌》)中的"花风"、"莲风尽倾倒,杏雨半披残"(苏轼《墨花》)中的"莲风"、"复宫深殿竹风起,新翠舞襟静如水"(李贺《三月》)中的"竹风"、"豹尾竿前赵飞燕,柳风吹尽眉间黄"(温庭筠《汉皇迎春辞》)中的"柳风"、"长歌吟松风,曲尽河星稀"(张九龄《下终南山》)中的"松风"、"窗风从此冷,诗思当时清"(杜荀鹤《新裁竹》)中的"窗风"、"浑无到地片,唯逐入楼风"(元稹《生春二十首》)中的"楼风"等,反映了风所体现的各种氛围和情景。如表现风的形体颜色的:"从此共君新顶戴,斜风应不等闲吹"(皮日休《开元寺佛钵诗》)、"冷露多瘁索,枯风晓吹嘘"(孟郊《秋怀》)、"莲花莲叶柳塘西,疏雨疏风斜照低"(王夫之《雨余小步》)、"天外黑风吹海立,浙东飞雨过江来"(苏轼《有美堂暴雨》)、"罗衫袅白风,点粉金鹂卵"(温庭筠《黄昙子歌》)等诗句中的"斜风""枯风""疏风""黑风""白风",将风的形态、色彩描绘得栩栩如生。

以风来表示某种事物的意象,在古诗中被作者广泛推崇和运用,不仅反映全诗的诗情画意,而且往往起到画龙点睛的作用。如表现植物方面的:"小辇风树蹁跹鹤,浅约湍沙浩荡鸥"(文天祥《山中呈聂心远诸客》)、"黄鸡青犬花蒙笼,渔女渔儿扫风叶"(贯休《渔家》)、"日暮延平客,风花拂舞衣"(江总《长安道》)、"风莲坠故萼,露菊含晚英"(刘禹锡《秋晚题湖城驿池上亭》)、"风松不成韵,蜩螗沸如羹"(元稹《春蝉》)中的"风树""风叶""风花""风莲""风松"等;表现衣冠方面的:"金花折风帽,白马小迟回"(李白《高句丽》)、"风襟自潇洒,月意何高明"(皎然《酬乌程杨明府华将赴渭北对月见怀》)、"风带舒风卷,簪花举复低"(谢偃《踏歌词》)中的"风帽""风襟""风带"等;表现烟火方面的:"因嗟隐身来种玉,不知人世如风烛"(刘禹锡《桃源行》)、"暗灯风焰烧,春席水窗寒"(元稹《酒醒》)、"暖暖风烟晚,路长归骑远"(虞世南《门有车马》)中的"风

烛""风焰""风烟"等。

将风的动态、形态来加以拟人化，描绘事物的情景，体现诗歌的意境，演绎作者的心绪，其氛围的渲染、拟人的逼真、用词的贴切，可谓独具匠心。如描述风的神态、情感方面的："剑河风急雪片阔，沙口石冻马蹄脱"（岑参《轮台歌奉送封大夫出师西征》）、"风恶巨鱼出，山昏群獠归"（贯休《南海晚望》）、"雨恶风狂夜色浓，潮头如屋打孤蓬"（文天祥《夜潮》）、"月没塞云起，风悲胡地寒"（徐悱《白马篇》）、"风哀笳弄断，雪暗马行迟"（江晖《雨雪》）中的"风急""风恶""风狂""风哀""风悲"等，将神态、情感描绘得栩栩如生。如描述风的各种动作的："日丽参差影，风传轻重香"（李世民《芳兰》）、"风折连枝树，水翻无蒂萍"（鲍溶《秋思》）、"明月风拔帐，碛暗鬼骑狐"（贯休《塞上曲》）、"风移兰气入，月逐桂香来"（张正见《对酒》）中的"风传""风折""风拔""风移"等词，既生动又形象。

将风作为一种被动的对象，形成一个个别出心裁的动宾词语，其动态情景便跃然纸上。如："警露鹤辞侣，吸风蝉抱枝"（李商隐《酬别令狐补阙》）中的"吸风"、"林暗草惊风，将军夜引弓"（卢纶《塞下曲》）中的"惊风"、"无力摇风晓色新，细腰争妒看来频"（许浑《新柳》）中的"摇风"、"数树新开翠影齐，倚风情态被春迷"（杜牧《柳绝句》）中的"倚风"、"短芦冒土初生笋，高柳偷风已弄条"（罗隐《早春巴陵道中》）中的"偷风"、"问风来何事，去复欲何问"（王安石《咏风》）中的"问风"、"群行深谷间，百兽望风低"（韩愈《猛虎行》）中的"望风"等等，其语意可谓妙也，其意境可谓深也。

与风相连的一些固定词语，在我们的学习、生活中常常碰到，在古诗中也大量地出现，有时表现其直接所反映的意义，有时则引申为其他的含意。如："风云喜际会，雷雨逐流滋"（李昂《暮春喜雨诗》）中的"风云"、"莫道陆居原是屋，如今平地有风波"（冯班《听雨舟》）中的"风波"、"毕竟西湖六月中，风光不与四时同"（杨万里《晓出净慈寺送林子方》）中的"风光"、"风流不见秦淮河，寂寞人间五百年"

（王士祯《高邮雨泊》）中的"风流"、"风情渐老见春羞，到处芳魂感旧游"（李煜《赐宫人庆奴》）中的"风情"、"江山代有才人出，各领风骚数百年"（赵翼《论诗》）中的"风骚"、"自悲风雅老，恐被巴竹嗔"（孟郊《自惜》）中的"风雅"、"鹤骨松筋风貌殊，不言名姓绝荣枯"（贯休《遇道者》）中的"风貌"、"如君好风格，自可继前贤"（齐已《还黄平素秀才卷》）中的"风格"、"夜树风韵清，天河云彩轻"（刘禹锡《酬乐天七月一日夜即事见寄》）中的"风韵"，等等，有些作为抽象名词使用，有些则具有形容的性质。

自然，古诗中以风来表现时间的就更直接，更繁多。最多的是反映季节含意的，如"不知细叶谁裁出，二月春风似剪刀"（贺知章《咏柳》）、"秋风吹不尽，总是玉关情"（李白《秋歌》）等都是描述春天、秋天的脍炙人口的诗句；"青泉碧树夏风凉，紫蕨红粳午爨香"（齐已《寄山中叟》）、"冬风吹草木，亦吹我病根"（贯休《冬来病中作》）等则直接反映了夏天、冬天的情景。由于我国古代文字的兼用性和一词多义，也由于作者对风所产生的意象不一，各个季节的风的称谓也各不相同。如"初风飘带柳，晚雪间花梅"（李世民《首春》）中的"初风"、"杨柳散和风，青山澹吾滤"（韦应物《东郊》）中的"和风"、"三十六宫花离离，软风吹春量斗稀"（温庭筠《郭处士击瓯歌》）中的"软风"、"自知清兴来无尽，谁道淳风去不还"（齐已《咏怀寄知己》）中的"淳风"、"横船醉眠白昼闲，渡口梅风歌扇薄"（李贺《湖牛曲》）中的"梅风"等等，都表示着春风的含意。"荷风送香气，竹露滴清响"（孟浩然《夏日南序怀辛大》）中的"荷风"、"九月尚流汗，炎风吹沙漠"（岑参《使交河郡》）中的"炎风"、"竹簟暑风招我老，玉堂花蕊为谁春"（苏轼《玉堂栽花周正孺有诗次韵》）中的"暑风"等，都反映的是夏天的风。表示秋风的，如"玉运初度色，金风送影来"（王台卿《云歌》）中的"金风"、"只知防皓露，不觉逆尖风"（李商隐《蝶》）中的"尖风"等。冬天的风，古时又叫北风，也有叫西风的，同时另有"寒风""朔风"等称谓，如"四时代序逝不追，寒风习

习落叶飞"（陆机《燕歌行》）、"朔风栏上发，寒鸟林间度"（王融《秋湖行》）等。风在一天中表现各时段的也经常出现在诗中，如"人生浮且脆，窀若晨风悲"（鲍照《松柏篇》）、"朝风凌日色，夜月夺烟光"（庾肩吾《未央才人歌》）、"绣户流宵月，罗帷坐晓风"（赵瑕《风月守空闺》）、"戾戾曙风急，团团明月阴"（沈均《效古》）等，这些诗句中的风都反映的是早晨时候；"香草已堪回步履，午风聊复散衣襟"（王安石《次御河寄城北会上诸友》）等诗句中的风则反映了中午时分；"高堂静秋日，罗花飘暮风"（王绩《古别离》）、"晚风吹画角，春色耀飞旌"（陈子昂《出塞》）等诗句中的风，反映了夜晚时间。

此外，表现方位、地点的风在古诗中也不泛其陈。反映方位的，如"昨夜东风吹血腥，东来橐驼满旧都"（杜甫《哀王孙》）、"细雨茸茸湿栋花，南风树树熟枇杷"（杨基《天平山中》）、"飒飒西风满园栽，蕊寒霜冷蝶难来"（黄巢《菊花诗》）、"北风受节南雁翔，崇兰委质时菊芳"（王勃《秋夜长》）等诗句中的风，便是从四个不同的风向反映出不同的方位。至于表现地点的风就更多，如"月生西海上，气逐边风壮"（崔融《关山月》）中的"边风"，即是边塞；"胡风千里惊，江月五更明"（令狐楚《从军行》）中的"胡风"便是古时所称的胡地；"月暗送湖风，相寻路不送"（崔国辅《小长干曲》）、"江风吹雁急，山木带蝉嘌"（李商隐《哭刘司户》）、"海风萧萧天雨霜，穷愁独坐夜何长"（孟郊《出门行》）、"山雨溪风卷钓丝，瓦瓯篷底独醉时"（杜荀鹤《溪兴》）、"朝元阁上山风起，夜听《霓裳》玉露寒"（王建《霓裳辞》）等诗句中"湖风""江风""海风""溪风""山风"，其风所处的地点即是湖、江、海、溪、山等区域。其他还有如"溪雨滩声急，岩风梳骨寒"（许浑《宿东横山》）、"崖风与穴水，清越有余声"（王安石《十咏九昆山》）等，从"岩""涯"上点明风所指的地方。

（原载《气象知识》2006 年第 4 期）

梅 雨 诗 话

◎ 王 澍

　　我国大部分地区雨水由冬到夏逐渐增多，南方大多在初夏、北方大多在盛夏雨量大增，形成比较明显的雨季。雨季是我国农事活动最重要的季节，各地区雨季各有特点。每年夏初，在湖北宜昌以东 28°～34°N 之间的江淮流域常会出现连阴雨天气，雨量很大。由于这一时期正是江南梅子黄熟季节，故称"梅雨"。又因这时空气湿度很大，器物极易受潮霉烂，因而又有"霉雨"之称。梅雨是东亚地区特有的天气气候现象，只在我国长江中下游地区以及日本东南部和朝鲜半岛最南部出现。由于长江中下游地区是我国的重要粮食生产地区之一，所以梅雨历来都很受重视，从而反映到古代诗词当中，是为"梅雨诗"。

　　"梅雨"一词大概最早见于汉崔寔《农家谚》："黄梅雨未过，冬青花未破。冬青花已开，黄梅雨不来。"但经查《后汉书·崔骃传》，记载崔寔并未写过此书，而且也未到过长江流域，疑此书是宋元时人所伪撰。因为元末明初记载天气谚语的娄元礼《田家五行·五月类》就录有此句。后汉应劭《风俗通义》中有"五月落梅风，江淮以为信风。又有霖霪，号为梅雨"的记载，是较早直接提出"梅雨"名称的书。东晋南北朝以后，长江流域经济发展很快，一些历史文献上谈到梅雨一词的渐多，对梅雨有许多妙趣横生的描述。庾信、隋炀帝、薛道衡、唐太宗、杜甫、白居易、柳宗元等，都写过梅雨诗。其中，北周诗人庾信

的《奉和夏日应令》有"麦随风里熟，梅逐雨中黄"的名句。隋炀帝的梅雨诗，题为《江都夏》，谈的是扬州的梅雨，正是典型的长江下游的梅雨情况。唐太宗《咏雨》中的"和风吹绿野，梅雨洒芳田"，是说梅雨有利于作物生长。因为梅雨期，农作物正需要水分。

唐代中期诗人白居易（公元772—846年）在元和十年（公元815年）因受权贵排挤，被贬为江州（今长江中游九江一带）司马。诗人在江州期间编诗集15卷，在他的部分诗篇中，以四季冷暖、洪涝灾害、生物活动和自然物候现象，概述了江州的气候特点以及山地与平原的气候差异。初夏的九江，气温升高，降水渐多，进入梅雨期。正如诗人在《孟夏思渭村旧居寄舍弟》诗中所写："喧喧雀引雏，梢梢笋成竹……九江地卑湿，四月天炎燠。苦雨初入梅，瘴云稍含毒。泥秧水畦稻，灰种畲田粟……"九江梅雨期较长，降水集中，加上赣、抚、信、饶、修五河水和长江夏汛，常使江水横滥、泛滥成灾。《九江北岸遇风雨》一诗道："黄梅县边黄梅雨，白头浪里白头翁。九江阔处不见岸，五月将尽多恶风。"《霖雨苦多·江湖暴涨》诗中又道："自作浔阳客，无如苦雨何！阴昏晴日少，闲闷睡时多。湖阔将天吞，云低与水合。篱根舟子语，巷口钓人歌。雾乌沉黄气，风帆蹴白波。门前车马道，一宿变江河。"

宋仁宗至和二年（公元1055年），诗人梅尧臣（公元1002—1060年）闲居宣城（今安徽宣州市）。是年五月，宣城连日大雨，山水大发，因作诗以纪其事，《梅雨》是其中的一篇："三日雨不止，蚯蚓上我堂。湿菌生枯篱，润气酿素裳。东池虾蟆儿，无限相跳梁。野草侵花圃，忽与栏杆长。门前无车马，苔钯何苍苍。屋后昭亭山，又被云蔽藏……"作者宛如写生一般，从眼前景象着笔，通过蚯蚓上堂、枯篱生菌、空气潮湿、素裳长霉等情景，生动地描绘出一幅梅雨天气特征的形象图画。以词名于北宋文坛的贺铸（公元1052—1125年），在《青玉案·凌波不过横塘路》中写下了这样的名句："若问闲情都几许？一川烟草，满城风絮，梅子黄时雨。"接连使用三个巧妙的博喻：烟草、风絮、梅雨，形象新颖鲜明，远远超过了李后主"恰似一江春水向东流"的愁绪。此词在当时很著名，历代备受推崇。周紫芝《竹坡诗话》云："贺方回尝作《青玉案》，有'梅子黄时雨'之句，人皆服其工，士大夫谓之'贺梅子'。"南宋诗人赵师秀（公元？—1219 年）写过一首《约客》，以清疏简淡之笔描摹景物，将通常使人不欢的梅雨景象描绘得明静自然。诗曰："黄梅时节家家雨，青草池塘处处蛙。有约不来过夜半，闲敲棋子落灯花。"活现出长江流域和江南一带入夏以来的梅雨天气景象。

若论对梅雨季节的全面描写，当属南宋诗人和地理学家范成大（公元 1126—1193 年）。他写有一组咏梅雨的诗，题为《梅雨五绝》。诗云："梅雨暂收斜照明，去年无此一日晴。忽思城东黄篾舫，卧听打鼓踏车声"（其一）"乙酉甲申雷雨惊，乘除却贺芒种晴。插秧先插蚤秞稻，少忍数旬蒸米成"（其二）"风声不多雨声多，汹汹晓衾闻浪波。恰似秋眠隐静寺，玉霄泉从床下过"（其三）"千山云深甲子雨，十日地湿东南风。静里壶天人不到，火轮飞出默存中"（其四）"雨霁云开池面光，三年鱼苗如许长。小荷拳拳可包鲊，晚日照盘风露香"（其五）。所写景物，包括梅雨乍晴、农事活动、久雨水势、天闷地湿和出梅景象，实际上是从梅雨期的各个侧面着墨，组合成具有立体感的节令图景，充分表现了梅雨天气的特点和气氛。

梅雨期间的温度高，湿度大，风力小，天气闷热。但有时也会"一雨成秋"，突然转冷。《芒种后积雨骤冷三绝》，即反映了这种变化无常的气候情况："一庵湿蛰似龟藏，深夏暄寒未可常。昨日蒙缔今挟纩，莫嗔门外有炎凉。黄梅时节怯衣单，五月江吴麦秀寒。香篆吐云生煖热，从教窗外雨漫漫。梅霖倾泻九河翻，百渎交流海面宽。良苦吴农天

下湿，年年披絮插秧寒。"

　　显然，历史上所称的"黄梅雨"主要是指"梅"节令内的连绵阴雨天气。长江中下游地区的群众习惯上取"芒种"节气为梅节令，此时正值梅子黄熟的阶段，故以"黄梅"名之。宋代陈岩肖《庚溪诗话》说："江淮五月梅熟时，霖雨连旬，谓之黄梅雨。"柳宗元诗曰："梅实迎时雨，苍茫值晚春，愁深楚猿啼，梦断越鸡晨，海雾连南极，江云暗北津，素衣今尽化，非为帝京尘。"其中的"梅实迎时雨"是说梅子熟了以后，迎来的便是"夏至"节气后"三时"的"时雨"，现在气象上的梅雨是泛指初夏向盛夏过渡的一段阴雨天气。我国古代人民还注意到了梅雨与夏季风的关系。例如娄元礼《田家五行》指出："夏至前，芒种后，雨为黄梅雨。芒后半月内畏西南风，谚云：梅里西南，时里潭潭。排年试看，但此风连吹两日，则雨立至……"芒种后正是长江流域偏南季风到达的前夕，一旦副热带高压西北方向的西南暖湿气流控制此地，就会有一段雨季开始，即梅雨期。明谢在杭《五条俎》记述："江南每岁三、四月，苦霪雨不止，百物霉腐，俗谓之梅雨，盖当梅子青黄时也。自徐淮而北则春夏常旱，至六七月之交，愁霖雨不止，物始梅焉。"冯应京《月令广义》也说："今验江南梅雨将罢，而淮上方将梅雨。"足见他们已看到梅雨锋天气系统是由南向北推进的。

　　但由于冬夏季风的交替时间每年不同，梅雨并不是年年都正常出现，梅雨期往往有来迟、来早、无雨（空梅）、短梅或雨量过多现象。北宋诗人曾几（公元1084—1166年）就写过一首轻情明丽的诗《三衢道中》："梅子黄时日日晴，小溪泛尽却山行。绿阴不减来时路，添得黄鹂四五声。"诗人生动的描写，不仅将浙江省衢县三衢山一带的优美自然景色展现在我们眼前，而且用"梅子黄时日日晴，"准确道出了"空梅"的天气特色。黄梅天成为天气晴朗、鸟语花香的佳日，委实让人耳目一新，但这种情况的出现机会并不多，平均为十年中 1~2 次。

"短梅""空梅"的年份，常有伏旱发生。如果梅雨应时而来，人们就认为能预兆丰年。陆游（公元1125—1209年）曾有《入梅》诗，他在此诗的序中说："吴俗以芒种后得壬日为入梅，今年正于此日重云蔽天，此夜乃雨，父老以为有年之候，赋诗以识之。"反之，则会造成农业上的产量减少。例如清查慎行《敬业堂诗续集》就有多首记梅雨反常的诗。《黄梅无雨叹》中说："舍南舍北单鸠鸣，入梅入时一月晴。蕴隆虫虫地欲裂，日出杲杲天无情。人间只有为农苦，天且不怜谁恤汝。踏车时节亟催科，敲朴声中泪成雨。"《梅雨连旬，村中无播谷者》又说："夜夜雨连朝，村村路断桥。沉波多宿麦，被垅少新苗。蛭蚁缘阶上，庭蛙闯户跳。眼前愁麦满，灾完待风潮。"充分说明我国古代农民当梅雨异常时所受的苦楚。

我国的夏季风从开始出现到盛行以前，要有一个相当长的时期。在这个时期里，既有逐渐加强的过程，又有显著推进的阶段。长江中下游的梅雨就出现在夏季风逐渐增强的后期、但尚未盛行东南季风这样一个阶段内，即夏季风的前沿（梅雨锋）活动在这一带。到夏季风在我国盛行时，长江中下游已盛行东南季风，西南季风已经一直推进到华北、东北一带，雨带随之北移，长江中下游的梅雨宣告结束。对于这一气候规律，北宋大文豪苏轼（公元1037—1101年）《舶趠风》诗说："三时已断黄梅雨，万里初来舶趠风。几处萦回度山曲，一时清驶满江东。惊飘簌簌先秋叶，唤醒昏昏嗜睡翁。欲作兰台快哉赋，却嫌分别问雌雄。"描绘出梅雨期一过，长江流域和江南广大地区是吹拂着"舶趠风"的清暑天气。此诗有序说："吴中梅雨既过，飒然清风弥旬，岁岁如此，吴人谓之舶趠风，是时海舶初回，云此风与舶俱至云尔。"诗中明确指出舶趠风出现于约30天的黄梅期以后、秋季以前，特别是诗中"过"字，说明那时早已认识到"出梅"和夏季风的推进是较突然的。《田家五行》也指出："东南风及成块白云起，主半月舶趠风，水退兼旱。"这

段话不仅指出了舶�风主旱，而且也描述了舶�风控制当时的天气情况，即吹东南风，天空多为淡积云。然而到了九月（公历 10 月），却又"序属三秋"，天高气爽，"潦水尽而寒潭清"。说明夏季的湿热或多雨的天气景象再也不复返了，由夏到秋，阶段分明。总之，我国早在千百年前即已认识到东亚地区季节转换和作为季节主要特征之一的雨量和风向的变化，是带有阶段性的。这一认识，可谓是超越时代的，令后人景仰。

（原载《气象知识》1997 年第 3 期）

跳舞的雨滴

◎【美】理查德·威廉姆斯（Richard Williams）

中国古时候，有些村民为了向龙王求雨，要举行一个隆重的仪式，其中包括化装跳舞。现代的气象员已不必"请求龙王送雨"了。不过，据最近研究，雨点在下降过程中，自己会像跳舞那样地振动。

雨滴的振动是指水滴的形状在下降过程中发生周期性的变化或弹性形变。在雨滴群中，水滴有大有小，小水滴的形状都呈球形，下降得也慢，气流阻力对它的形状影响很小。而大水滴就不同了，它下降得快，受气流作用变形大，常成为扁球形。大滴在下降过程中常会赶上小滴而把小滴吞并掉。大小滴合并以后，由于相对动量和表面张力的互相结合而出现振动（见右图）。

大滴赶上小滴，合并后开始振动

美国伊利诺斯大学的比尔德（K. V. Beard）教授研究了雨点的振动和雨点大小的分布。他发现在一定的照明情况下，水滴振动到某一种形态时，看上去很明亮，雨滴起到了小透镜的作用。说明这时候瞬时形态的反射光正好到达你的眼睛。水滴在振动中反复出现最明亮的形态，使得下落的水滴不时闪闪发光，像一盏盏小信号灯，又像一颗颗脉动星。

作者用飞机上的激光探测器测定，在云底以下降水最活跃的区域，大雨滴的比例相当高。有的大滴直径达到 8 毫米，但这种大滴是不稳定

的，由于本身振动和气流的作用，很快又分裂成几个较小的雨滴。

雨滴的形态和大小分布对用雷达作暴雨的精确测量有影响，因为它们会影响到雷达的后向散射率。在实际工作中需要依此作适当的校正。

（原载《气象知识》1987 年第 3 期）

水滴姊妹旅行记

◎ 阳　玫

在碧波荡漾、浩瀚无边的海洋中，有一对漂亮的水滴姊妹。有一天，水滴妹妹十分天真地问姐姐；"姐姐，你经常对我说，蔚蓝的天空是那样的美，广阔大地上的万物又是那样的可爱，就连我们居住的家——大海也是那么富有诗情画意，我怎么就看不到呀！"

姐姐笑了笑对妹妹说："我的好妹妹，你不识大海真面目，只缘你身在大海中；你看不见天空大地的美丽，是因为你胆小，老躲在深海里。不出去见见世面，你怎么能看得见呢？"

"姐姐，姐姐，那你就带我出去旅游一下，让我见识见识吧。"水滴妹妹顽皮地说。

"可以，只要你胆子大一些，不要害怕，保证你能看见美丽的天空、漂亮的云彩和蓬勃生机的大地，到时说不定你还不愿意回来呢！"

"姐姐，那我们现在就走吧！"妹妹急不可待地催促道。

姐姐为了锻炼一下妹妹，让她长长见识，便满口答应了她："好吧！"

就这样，水滴妹妹紧跟在姐姐的后面，随着上下层海水的对流混合，由海下上升到了海面。哇！水滴妹妹立刻被眼前的景象吸引住了，她高兴地说："姐姐，我看到美丽的天空了，真美呀，我要上去！我们

怎样才能升到天上去呢?"

"妹妹,别急,你看,温暖的阳光正照着大海,也照着我们呢,只要海面上的空气中的水汽没有达到饱和,海面上层的水都有可能变成水汽升到空中去。这就叫做蒸发。"

姐姐话刚说完,水滴姐妹俩几乎同时摇身一变,变成了轻飘飘的、看不见影子的水汽,她们手牵着手,随风飘荡,在天空中遨游。

"姐姐,我真快活呀。"水滴妹妹情不自禁地说道。

"妹妹,你别高兴得太早,因为现在风小,气流比较平稳,天气变化不剧烈,我们才有这么好的感觉,如果遇上了强上升气流或狂风,会够你受的。来,我拉着你,免得让气流把我们俩冲散了。"

"哎呀!姐姐,我怎么觉得越来越冷呀?"水滴妹妹的声音都有些颤抖了。

"妹妹,不要怕,现在我们已经遇到了较强的上升气流,我们正在不断地往上升。因为每上升 100 米,气温要下降 0.6℃左右,高度越高,气温就越低,没关系的,听我的就是了。"姐姐边解释边安慰着水滴妹妹。

水滴姐妹还在不断地随着气流往上升,眼前的光景已大不如刚才,她们感到越来越冷。

"姐姐,我快受不了啦!"

"赶快抓住空中悬浮的尘埃微粒。"姐姐急忙告诉妹妹。

水滴妹妹往四周看看,周围果真飘浮着很多尘埃微粒,于是,她们俩各自紧紧地抓住了身旁的一颗。她们又摇身一变,再次变成了两颗小小的水滴,亮闪闪的。妹妹惊奇地望着姐姐。

"姐姐,你怎么变样了?"

"妹妹，你也变了，变得更漂亮了。"她们俩你看看我，我看看你，哈哈地大笑了起来。

"姐姐，这是为什么呀？"妹妹好奇地问。

"到达这里后，气温较低，空气中的水汽已达到了饱和，我们便又变成了水滴，这叫做凝结。我们攀附着的微粒，就叫做凝结核。我们凝结成水滴的这个高度，人们称为'凝结高度'。无数个与我们相同的水滴聚集在一起，就组成了云。"

忽然，水滴姐妹又感到一股比刚才还要强的气流把她们往上送，水滴姐姐知道她们可能已进入了积雨云中，她急忙紧紧地拉着妹妹，并告诫她："妹妹，危险，现在我们处在强对流中，千万别让其他水滴碰到你，我们要想办法冲到云顶上去。"

水滴妹妹紧跟在姐姐的身后，左躲右闪地往上冲。突然，眼前一道强光出现，紧接着便是一声巨响，气浪把水滴姐妹向上推得更高。水滴妹妹吓坏了，她大声惊叫："姐姐，姐姐，发生什么事啦？"

"妹妹，不要害怕，这是云中的放电现象，发出的强光，就是闪电。闪电时放出热量，使周围空气突然膨胀而发生爆炸，这声音就是雷声。"

水滴妹妹不再出声，跟着姐姐继续往上升，就在即将到达云顶的时候，不好，她们遇到了一股下沉气流。说时迟，那时快，姐姐奋力将妹妹一推，推出下沉的气流区，而就在这时，姐姐被她身边的水滴一碰，与她们黏在了一起，随着下沉气流往下坠去。

"姐姐，姐姐……"妹妹焦急地哭喊着。

"妹妹，你多保重……"姐姐也对着妹妹大声地喊。

这样，水滴姐妹一个向上，一个朝下，分开了。

水滴妹妹升上了云顶，她觉得舒服多了，这里没有了刚才那种上下

颠簸，只是随风飞快地飘移，但她觉得很冷。后来她发现自己穿上了一件美丽的衣裳，变成了一颗亮晶晶的冰晶，她为自己的美丽而高兴。在云顶上，举头仰望是广阔无垠的蔚蓝天空；俯首而视，则是茫茫的云海。但她非常思念姐姐，她决心要找到他的姐姐。

水滴妹妹随风飘去，后来遇到了下沉气流，她开始下沉，随着高度降低，她逐渐感觉到暖和了起来，她终于又变回一颗水滴，跻身于茫茫的云海中。

再说水滴姐姐，当时随着下沉气流下降，当即将落到云底时，又被强上升气流冲上来。

"妹妹，你在哪儿？"水滴姐姐不断地大声呼喊着。

她在风的吹送下不断地飘游，一边走一边在寻找妹妹……突然她听到了云顶上传来隐隐约约的喊声："姐姐，你在哪儿？"

"妹妹，我在这里。"水滴姐姐急忙应道。

她们兴奋地在一起述说着失散后的经历，任凭云中的气流把她们送上又送下，激烈的颠簸也全然不顾，直到后来她们发觉身体越来越沉，直往下降时，已为时过晚，她们与许多大水滴一起降落到了地面上。

水滴姐妹俩手拉手，慢慢地从地面上钻到了土壤的空隙中，不久她们又在地势较低的地方钻了出来，和许多水滴一起汇集到林中的小溪里。

"姐姐，刚才地道里真黑呀！现在可好了。"妹妹大大地喘了一口气。

"妹妹，你看，周围有高大的树木、美丽的鲜花、嫩绿的青草，树枝上还有唱歌的小鸟，看到了没有？"姐姐边说边催着妹妹快看。

"看到了，我看到了，姐姐，真像你说的那样，大地真美啊！"妹妹兴高采烈地说道。不久，她们便进入了一条较宽的河流中。

"姐姐，我们现在去哪儿呀？"妹妹不解地问。

"妹妹，只要我们随着河水，顺流而下，我们便可以回到咱们的故乡——大海了。"

一听说回家，水滴妹妹高兴极了，她多想快点回去，把自己旅行所看到的一切告诉伙伴们呀！

（原载《气象知识》1992 年第 4 期）

植物王国采访记

◎ 宋子忠

　　西伯利亚的冷空气经过长途跋涉来到中国。小精灵看到冷空气所到之处，人们个个都多穿了几件衣服来抵御寒冷的袭击，各种动物忙忙碌碌在造穴筑巢防寒，但植物王国里却没有见什么大的动静，它们既不会增添衣服，也不会造穴筑巢，好像静静地等待末日的到来。它们是怎样御寒过冬的呢？她苦苦思索了好几天，怎么也弄不明白，于是，决定到植物王国去采访，弄懂植物御寒的奥秘。

　　这天，小精灵来到了植物王国，说明了来意，随后受到了国王的亲切接见。国王告诉她："植物王国很大，可以分成下面几个类群：藻类植物、菌类植物、地衣植物、苔藓植物、蕨类植物和种子植物，前五类植物的孢子比较显著，通常脱离母体而发育，所以它们又统称为孢子植物。种子植物又可分为裸子植物和被子植物两类。植物王国里的家族有40 多万种。"

　　"哎呀！你们的家族这么大！"小精灵不禁脱口而出。

　　国王说："正是由于家族大，所以御寒的方法也不同。今天先参观家族最大的种子植物。"

　　小精灵受到了松长老的热情接待。松长老告诉她："我是生活在黑龙江大兴安岭的一种松树，已有千年的树龄了，这里气候全年寒冷，到了冬季，有时要在－50 多摄氏度的环境中生活。没有御寒的本领，我们早就冻死了。"

· 148 ·

"这么冷，你们是怎么熬过来的?"小精灵眨眨大眼睛问。

"我们的叶细长如针，成束生长，叶的表面细胞很小，排列紧密，细胞壁很厚，表皮外面有角质层，表皮里有几层厚壁细胞，气孔深深地陷进表皮下面。这样的结构，使表面积本来很小的针叶进一步降低了水分的蒸腾。我们的根系又非常发达，能够吸收土壤深层的水分和无机盐。由于我们本身的根、叶具有这些特点，所以即使受 $-40 \sim -50℃$ 严寒的威胁，我们照样抬头挺胸，自由自在地生活在这妖娆多姿的林海雪原里。"

"有的树一年到头不落叶可以御寒，那苹果树小姐的叶子落光了，她是怎样抗寒的呢?"没等松长老说完，小精灵就问开了。

苹果树小姐看了小精灵一眼，细声细语地说："我属落叶阔叶树，家住在华北和东北的部分地区，夏季炎热多雨，冬季寒冷。我的叶片外套是秋末脱下来的，到了春季再换新的。我们根据秋风带来的情报，开始做越冬的准备工作。因为日照缩短，气温下降，就在体内产生一种叫脱落酸的物质。脱落酸是我们五大激素中的一种，它在幼嫩或衰老的绿色组织中都能合成，存在于叶、芽、果实和种子等多种器官中，这个时候，它的作用就是抑制芽的生长，降低养分的消耗，促使叶子的营养物质向根、茎、枝上转移，作为越冬的'粮食'储备起来。然后叶柄和树枝连接的部位形成一个离层，叶片就开始脱落，芽外覆盖了坚厚的鳞片，鳞片的外面又有层厚厚的角质，这就是我们的过冬'棉衣'。这样既能御寒，又能防止水分蒸发，还能防止外面的水分侵入。在冬季我们穿上这样的棉衣，得以安全越冬。"

"噢，原来你们的'棉衣'是这样的。"小精灵自言自语地说。

"那我们吃的小麦、葱、蒜等植物又是怎样御寒的呢?"小精灵看了看松长老又问道。

松长老慢条斯理地答道："别急，让我慢慢地给你讲。"

"我属于裸子植物，苹果树小姐是落叶乔木属于被子植物。而小麦也是属于被子植物的，它是一年生或两年生的草本植物。在不太冷的地方，可以种植冬小麦。冬小麦的生理特征与我们都不同，在它的一生中必须经过一个低温阶段。因为冬小麦都在冬前播种，这时的秋天光线较强，气温较高。出土不久的麦苗，光合作用很旺盛，所以就合成了大量的有机物质。同时，秋冬昼夜温差逐渐增大，麦苗生长减慢，呼吸消耗降低，有利于糖分的积累。而且气温降低了，淀粉也能分解成糖，增加了小麦体内的含糖量，它把糖分集中到分蘖节上。糖的作用，一方面使细胞不易脱水；另一方面使细胞中水溶性糖水含量高。细胞液的浓度越高，冰点降得越低，这样就不易因结冰而冻死。但冬小麦的品种不同，在分蘖节处（3～5厘米）的临界温度也不同，多数冬小麦分蘖节处的临界温度是 -14～-17℃，冬黑麦抗寒能力最强，分蘖节处可忍受 -25～-30℃的低温。虽然叶片冻死干枯，但分蘖节仍活着，到初春它又是一片葱绿。"

松长老看看聚精会神听讲的小精灵，又接着说："至于其他植物如葱、蒜等，主要是靠贮藏养分的根茎、鳞茎来抗寒的。土豆等是靠体内的淀粉酶不断地把淀粉转化为糖分来增强抗寒能力的。"

松长老看看太阳已经偏西了，就说："小精灵！今天时间不早了，天又这么冷，该早点休息。"小精灵朝松长老满意地一笑说："谢谢您，我确实知道了许多植物是怎样过冬的知识。"说完，告别了松长老和苹果树小姐回到了她下榻的宾馆。

（原载《气象知识》1991 年第 6 期）

尘埃和小麦的故事

◎ 王金宝

"小尘埃，快醒醒啊，天已经亮了！"空气伯伯急促地呼唤着沉睡的小尘埃。

小尘埃醒过来了。它揉揉困倦的眼睛，见太阳公公还没有出来，便撒娇地扭动着小小的身子，说："嗯，谁叫我呀？我还没有睡醒呢。"

"不要睡懒觉了，孩子！你忘了？不是说好今天领你去找大地妈妈吗？"空气伯伯提高嗓门儿说。

"伯伯，真的要领我去呀？我还以为你在骗我呢。"

"好啦，别啰嗦了，赶紧收拾一下吧。"说完，空气伯伯帮小尘埃收拾起来。不一会儿，它们便向着大地妈妈的怀抱启程了……

南风和煦，阳光明媚，春意盎然。在这个风和日丽、春暖花开的日子里，空气伯伯带领小尘埃兴高采烈地来到了一片葱翠嫩绿的麦田里。

小麦姑娘穿得整整齐齐、干干净净，打扮得漂漂亮亮，正在田野里锻炼身体。她抬起头来，忽然发现前面来了一老一少，有点纳闷。再仔细一瞧，哦，那老者不是空气伯伯吗？于是，她急忙迎上前去，笑眯眯地行了个礼："空气伯伯，您好！"

"好、好、好！"空气伯伯笑哈哈地夸奖小麦姑娘说，"乖，真乖！"

"伯伯，这是……"小麦姑娘指着小尘埃慢言轻语地问。

"对了，我忘了告诉你。"空气伯伯赶忙介绍说，"它叫尘埃，来找大地妈妈，你就叫它的小名灰尘吧！"

会变魔术的大气

小麦姑娘望望尘埃，腼腆地说："尘埃哥哥，你好！"

小尘埃倒挺自然，它落落大方地说："小麦姑娘，认识你我真高兴！我们一起玩吧？"

"哈哈哈哈……"空气伯伯望着这对小伙伴儿，高兴地笑了，"好吧，你们就在一起玩吧，我先去寻找一下大地妈妈。"说完，空气伯伯匆匆地走了……

也不知过了多长时间，空气伯伯才回来。这时，小尘埃不见了，而小麦姑娘正坐在路边委屈地哭呢。他一看这情景就怔住了："小麦姑娘，这是怎么啦？为什么哭呀？"

小麦姑娘见到空气伯伯更委屈了："小尘埃不讲理，他故意弄脏了我的绿裙子。"

"那他到哪儿去啦？"空气伯伯忙问。

小麦姑娘边擦眼泪边说："我骂了它，它一气之下就走了，他说要离开这个世界。"

"它还说些什么没有？"空气伯伯追问说。

"它还说：'好啊，有人说我污染了大气，混浊了天空，玷污了水源，破坏了大自然的清新环境，这些我都忍受了。可你今天竟骂我坏蛋，既然讨厌我，那咱们就走着瞧吧！'说完，它一溜烟儿地跑了。"

"小麦姑娘，它不该弄脏你的衣服，可是你也不该赌气骂它呀，这不就伤害人家的自尊心了吗？"空气伯伯见小麦姑娘脸红了，于是又耐心说，"尘埃虽然有很多缺点，但是，尘埃是光明的信鸽，是地球的卫士，还是雨雪的使者。"

小麦姑娘迷惑了，她眨巴着两只大眼睛纳闷起来，"空气伯伯，这是为什么呀？"

空气伯伯回答说："首先，尘埃对光有反射、散射和折射作用。正是因为这样，才使我们见到的世界更加丰富多彩，使早上提前天亮，傍晚延迟天黑。因此，可以说尘埃是光明的信鸽。"

"我懂了，天空本来是没有颜色的，正是由于您空气伯伯加上尘埃的作用，我们见到的天空才是蓝色的。"小麦姑娘打断空气伯伯的话说，"那为什么说尘埃是地球的卫士呢？"

"这是因为尘埃在白天能反射走一些太阳光，使天气不那么炎热；夜间可阻止大地热量向空中散失，使天气又不那么寒冷；而且还能吸收和阻挡宇宙中的有害射线大量进入地球，使生物免受过度冷热和有害射线的危害。所以说，尘埃是地球的卫士之一。"空气伯伯耐心地回答。

"那么，怎么尘埃又是雨雪的使者呢？"小麦姑娘又问。

空气伯伯略有所思地回答说："因为尘埃对水汽有凝聚作用，地球表面的水分不断蒸发到空中，尘埃就将微小的水分子凝聚在一块儿，并且不断增多、加大，形成冷云或暖云。就说冷云吧，那里有亮闪闪的冰晶，还有许多温度低于0℃但还没有冻结的水珠。当水珠蒸发出来的水汽凝华到冰晶上去的时候，水珠就变成个'小瘦子'，而冰晶却变成了'大胖子'，要是上升气流再也托不住了，它们就从天上掉下来。如果云底到地面的温度低于0℃，就下雪；要是高于0℃，冰晶在半路上就会融化，变成雨。这一热闹的降雨过程首先是由尘埃导演的，科学家的试验证明，如果大气中没有尘埃，就是水汽很多，在自然温度下，也不会出现水汽凝结现象，自然界就不会有云雨过程的形成，更不会有雨雪降落了。所以，尘埃又是雨雪的使者。"

"空气伯伯，这回我完全明白了，是我错怪了尘埃哥哥。"小麦姑娘后悔地低下了头，"那我们到哪儿去找尘埃哥哥呢？"……

时间一天天过去了，说来也怪，自从没了尘埃，天气真的失去了正常，小麦姑娘也受尽了凄苦。白天晒得她挥汗如雨，夜间冻得她瑟瑟发抖，宇宙中的有害射线也趁机捣乱，就这样，小麦姑娘感冒发烧，染上了疾病，加上连日来滴水未进，她变得面黄肌瘦了。正在这个时候，空

气伯伯为她请来了医生。

"小麦姑娘，我回来为你治病了。"小尘埃大声呼唤着昏睡的小麦姑娘。

小麦姑娘慢慢地睁开眼睛，一看站在她面前的是小尘埃，又伤心地哭了起来："尘埃哥哥，都是我不好，请原谅我吧!"

（原载《气象知识》1986 年第 2 期）